广东省水利行业专业技术人员培训系列教材

地质灾害预防应急管理及减灾技术

张芳枝　编著

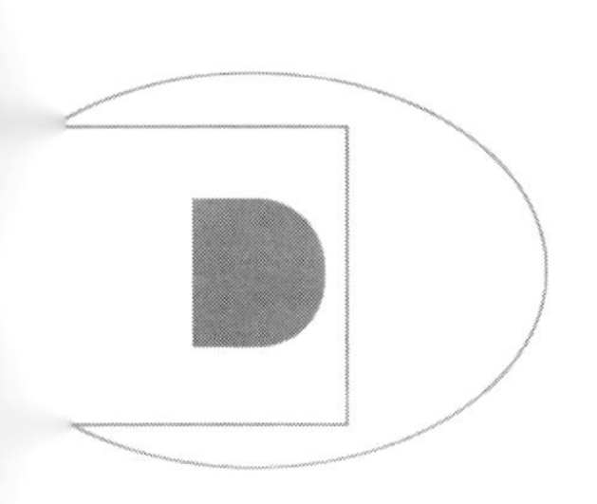

内 容 提 要

本书全面介绍了地质灾害及其减灾技术的基础知识以及地质灾害预防应急管理。全书共分两个部分：第一部分讲述地质灾害，内容包括绪论和前四章，第一章地震，第二章崩塌与滑坡，第三章泥石流，第四章地面塌陷、沉降与裂缝；第二部分讲述地质灾害预防应急管理，内容包括后四章，第五章地质灾害防治规划，第六章地质灾害预防，第七章地质灾害应急预案，第八章地质灾害的避险逃生与应急救援。

本书可供地质灾害、自然灾害、水利、水土保持等相关学科的科技工作者和有关院校的教师和学生参考使用。

图书在版编目（CIP）数据

地质灾害预防应急管理及减灾技术 / 张芳枝编著
. -- 北京 : 中国水利水电出版社, 2013.6(2022.6重印)
广东省水利行业专业技术人员培训系列教材
ISBN 978-7-5170-0979-5

Ⅰ. ①地… Ⅱ. ①张… Ⅲ. ①地质－自然灾害－灾害管理－技术培训－教材 Ⅳ. ①P694

中国版本图书馆CIP数据核字(2013)第136597号

书　　名	广东省水利行业专业技术人员培训系列教材 **地质灾害预防应急管理及减灾技术**
作　　者	张芳枝　编著
出版发行	中国水利水电出版社 （北京市海淀区玉渊潭南路1号D座　100038） 网址：www. waterpub. com. cn E－mail：sales@ mwr. gov. cn 电话：（010）68545888（营销中心）
经　　售	北京科水图书销售有限公司 电话：（010）68545874、63202643 全国各地新华书店和相关出版物销售网点
排　　版	中国水利水电出版社微机排版中心
印　　刷	天津嘉恒印务有限公司
规　　格	170mm×240mm　16开本　8.25印张　152千字
版　　次	2013年6月第1版　2022年6月第2次印刷
印　　数	4501—5500册
定　　价	**49.00**元

本 书 编 委 会

提高预防和处置突发性公共事件能力 为构建社会主义和谐社会提供保证

——《广东省水利行业专业技术人员培训系列教材》总序

张德江

党的十六届六中全会做出《关于构建社会主义和谐社会若干重大问题的决定》，这是以胡锦涛同志为总书记的党中央站在新的历史高度做出的重大战略决策，是我们党在新世纪新阶段治国理政的新方略，对我们党团结带领全国各族人民，树立和落实科学发展观，全面建设小康社会，加快推进社会主义现代化具有十分重要的意义。

构建社会主义和谐社会，关键在党，核心在建设一支高素质的干部队伍。广东要在构建社会主义和谐社会中更好地发挥排头兵作用，必须培养造就一支素质高、作风好、能力强的干部队伍。实践证明，培训是提高干部素质和能力的最有效手段之一。各级党委、政府要十分重视干部培训教育工作，认真落实中央提出的大规模培训干部、大幅度提高干部素质的战略任务，坚持以马克思列宁主义、毛泽东思想、邓小平理论和“三个代表”重要思想为指导，全面贯彻落实科学发展观，紧紧围绕党和国家工作大局，逐步加大干部培训投入，完善干部培训制度，加强干部培训考核，按照胡锦涛总书记提出的“联系实际创新路、加强培训求实效”的要求，努力开创培训教育工作新局面。

总序

积极预防和妥善处置突发公共事件，是维护人民群众利益和社会稳定，构建社会主义和谐社会的重要任务，是对各级党委、政府执政能力的现实考验。我省正处于改革和发展的关键时期，必须把积极预防和妥善处置突发公共事件摆在突出位置，认真抓好。

广东省人事厅组织省直单位编写突发公共事件应急管理培训系列教材，是一项具有战略意义的基础性工作。要利用好这套教材，对全省公务员和专业技术人员开展全员培训，提高预防和处置突发公共事件能力。

各部门、各单位要以对党和人民高度负责的态度，精心组织培训，全省公务员和广大专业技术人员要积极参加培训，我们共同努力，为建设经济强省、文化大省、法治社会、和谐广东，实现全省人民的富裕安康而奋斗！

2007 年 1 月 3 日

前言

我国是地质灾害多发的国家，地质灾害种类多、分布广、活动频繁、危害重，是世界上地质灾害最为严重的国家之一，每年因崩塌、滑坡和泥石流等地质灾害造成的死亡人数，占自然灾害死亡人数比例较大，造成的经济损失也达数百亿元。

党和国家对地质灾害防治工作历来十分关注，国土资源部在全国受地质灾害威胁较严重的地区开展了地质灾害调查和区划工作，地质环境监测评价、监督管理和地质灾害防治工作已被列为地质灾害行政管理部门的一项重要职责。

1999 年，国土资源部颁布实施《地质灾害防治管理办法》，全国各个省（自治区、直辖市）颁布并实施地质灾害防治方面的地方性法规和规章，建立了防灾预案、灾害速报等一系列制度；同时也加强了对地质灾害防治工程单位的资质管理，适合国情的群测、群防体系正在建立，汛期预报、检查和应急工作也初见成效。通过预测、预报、及时避让和有效防治，大大减少了人员伤亡和财产损失，取得了良好的经济效益和社会效益。因此，在我国现今提出要妥善应对突发公共事件的指导思想和框架下，针对地质灾害提出预防管理措施，并对地质灾害及其减灾技术基础知识进行全面介绍，具有非常重要的现实意义。

本书是根据广东省人事厅制定的公务员和专业技术人员培训计划的要

求，参照《地质灾害防治条例》、《地质灾害防治条例释义》以及有关地质灾害防治规划、防治方案、突发地质灾害应急预案等，按照广东省水利厅的有关布置和要求组织编制的。

本书由张芳枝编写。全书共分两个部分：第一部分是地质灾害，包括绪论和前四章（第一章地震，第二章崩塌与滑坡，第三章泥石流，第四章地面塌陷、沉降与裂缝）；第二部分是地质灾害预防应急管理，包括后四章（第五章地质灾害防治规划，第六章地质灾害预防，第七章地质灾害应急预案，第八章地质灾害的避险逃生与应急救援）。

本书在编写过程中参阅和引用了相关的文献资料，在此谨向文献的作者们表示衷心的感谢和致以崇高的敬意。

由于编者水平有限，疏漏、错误和欠妥之处在所难免，敬请读者批评指正。

作　者

2013 年 5 月于广州

目 录

第一部分

地 质 灾 害

绪论

一、地质灾害

1. 地质灾害的定义

地质灾害是指在自然或者人为因素的作用下形成，对人类生命财产、环境造成破坏和损失的地质事件。

关于地质灾害概念的界定，在学术界和实际管理工作中存在着不同观点。

（1）学术界的观点。学术界的几种通行说法主要有：①地质灾害是地质环境的一种变异现象；②地质灾害是指直接或间接恶化环境、降低环境质量、危害人类和生物圈发展的地质事件，如地震、地裂缝、崩塌、滑坡、泥石流、地面塌陷和地面沉降等；③地质灾害是指那些对人类生命财产安全造成危害和潜在威胁的自然和人为地质作用（现象）；④在自然和人为因素的作用和影响下形成的，对人类生命财产、环境造成损失的地质作用（现象）；⑤地质灾害是因地质活动引起对人类生活、生产及环境的破坏或者损失的现象。大量的矿山灾害不是地质活动引起的，而是开采矿产资源中导致的破坏。

（2）实际管理工作中的定义。国土资源部 1999 年 2 月 24 日发布的《地质灾害防治管理办法》规定：地质灾害是指由于自然产生和人为诱发的对人民生命和财产安全造成危害的地质现象，主要包括崩塌、滑坡、泥石流、地面塌陷、地裂缝、地面沉降等。另外，不同地方的法规和规章采用了不同的定义。

2. 地质灾害的分类

广义的山地灾害指在山地发生的对人类及其生存环境所造成的灾害，凡在山地发生的灾害都包括于其中，水灾、旱灾、岩崩、地陷、森林火灾、雪崩、火山等均属于山地灾害。狭义的山地灾害特指岩土在山地运动形成土体流失，导致滑坡、崩塌、泥石流等山区特有的地质灾害。水资源在山地运动的影响尤为突出，水多了就形成威力巨大的山洪灾害，水少了就极易出现旱灾。山洪本身虽然不属于地质灾害，但可诱发滑坡、崩塌、泥石流等山区地质灾害。

由于地质灾害的范围极广，本书仅仅涉及常见的山地地质灾害滑坡、崩塌、泥石流等，另外，还谈及了地震灾害、近几十年城市建设和发展中出现的地面塌陷、地面沉降与地裂缝。

山体崩塌、滑坡和泥石流主要发生在山区，又称为山地灾害；地面塌陷、地裂缝、地面沉降等主要发生在平原或高原，但山区也偶有发生。

地质灾害按照其发生特征可划分为突发性与缓变型两大类。地震、火山喷发和山体崩塌、滑坡、泥石流等山地灾害以及绝大多数矿山灾难均属突发性地质灾害；地面塌陷、地裂缝、地面沉降、水土流失、土地荒漠化及沼泽化、土壤盐碱化、地热害以及由地质因素引起的地方病等均为累积型地质灾害。

地质灾害按照成因还可划分为自然地质灾害与人为地质灾害两大类。前者主要由自然因素所引发，如构造性地震、火山喷发和绝大多数山地灾害；后者主要由人为因素所引发，如过量抽取地下水引发的地面沉降、采矿引发的地面塌陷和矿山灾难、土地不合理利用引发的水土流失和土地荒漠化等。

许多地质灾害的发生还存在一种灾害链现象。其中，首先发生的主要灾害称为原生地质灾害；由原生灾害直接引发的地质灾害称为次生地质灾害，有时一种主要地质灾害还可能引发几种次生地质灾害；由主要灾种间接引发或在灾后才陆续表现出来的灾害称为衍生地质灾害。汶川地震直接引发的周围山体的大规模滑坡、泥石流、地裂缝、地面下陷等均属次生地质灾害，由滑坡体和泥石流物质堆积形成的堰塞湖属二级地质灾害，地震造成的土地退化属衍生地质灾害。有些次生灾害或衍生灾害已超出地质灾害的范畴，如堰塞湖溃决造成的洪涝、地震之后发生的疫病流行等。

3. 地质灾害的等级

地质灾害发生后，其造成的直接损害表现为人员伤亡和经济损失，同时，在受灾群众中也确实会造成一定的心理恐慌，对当地社会安全等也会产生或多或少的影响。对地质灾害灾情进行分级是地质灾害抢险救灾客观情况的需要，也为地质灾害分级管理、各级政府之间管理权限和救助责任的划分提供依据，有利于更快、更有效地处理地质灾害灾情。但是，心理恐慌和社会影响程度难以量化。因此，根据损失状况和易于量化的原则，将地质灾害按照人员伤亡、经济损失的大小分为四个等级：

（1）特大型：因灾死亡 30 人以上或者直接经济损失 1000 万元以上的。

（2）大型：因灾死亡 10 人以上 30 人以下或者直接经济损失 500 万元以上 1000 万元以下的。

（3）中型：因灾死亡 3 人以上 10 人以下或者直接经济损失 100 万元以上 500 万元以下的。

（4）小型：因灾死亡 3 人以下或者直接经济损失 100 万元以下的。

二、地质灾害防治的法制建设

我国是地质灾害多发的国家，地质灾害种类多、分布广、活动频繁、危害重，是世界上地质灾害最为严重的国家之一，每年因崩塌、滑坡和泥石流等地质灾害造成的死亡人数占自然灾害死亡人数比例较大，造成的经济损失也达数百亿元。

党中央、国务院高度重视防灾减灾工作，先后多次召开会议和下达文件强调防治地质灾害是强国富民安天下的大事，并要求把地质灾害防治工作作为一项重要工作来抓。

1999 年，国土资源部颁布实施《地质灾害防治管理办法》，全国已有 19 个省（自治区、直辖市）颁布实施地质灾害防治方面的地方性法规和规章，建立了防灾预案、灾害速报等一系列制度。2003 年，国务院第 394 号令公布了《地质灾害防治条例》，并于 2004 年 3 月 1 日起实施。2006 年 1 月，公布了《国家突发地质灾害应急预案》，全国各省（自治区、直辖市）也纷纷编制了地质灾害防治的地方性法规和应急预案，同时也加强了对地质灾害防治工程单位的资质管理，适合国情的群测、群防体系正在建立，汛期预报、检查和应急工作也初见成效。通过预测、预报、及时避让和有效防治，大大减少了人员伤亡和财产损失，取得了良好的经济效益和社会效益。

地质灾害的发生不可避免，但通过建立制度、采取措施、加强管理，经过人类的不懈努力，避免或减轻地质灾害造成的损失还是可以做到的。

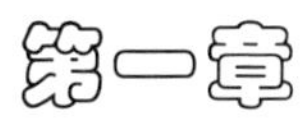

地震

第一节　地震基本知识与危害

一、地震的基本知识

1. 地震的成因

地球由岩石组成的固体外层称为地壳，地球中心部分称为地核，位于地壳和地核之间的部分称为地幔，如图 1－1 所示。大多数破坏性地震发生在地壳内。地震是地壳的一种运动形式，是地球内部介质局部发生急剧破裂而产生震波，在一定范围内引起地面振动的现象。地震就像刮风下雨一样，是地球上经常发生的一种自然现象。地球表面板块与板块之间相互挤压碰撞，造成板块边沿及板块内部产生错动和破裂，是引起地面震动（即地震）的主要原因。地震活动极其频繁，全球每年发生地震大约 500 万次，但其中只有一小部分能够造成灾害。

2. 地震的空间结构

（1）震源。地球内部岩层破裂引起震动的地方称为震源（图 1－2）。它是有一定大小的区域，又称震源区或震源体，是地震能量积聚和释放的地方。震源垂直向上到地表的距离是震源深度。一般把地震发生在 60 千米以内的称为浅源地震；60～300 千米的称为中源地震；300 千米以上的称为深源地震。

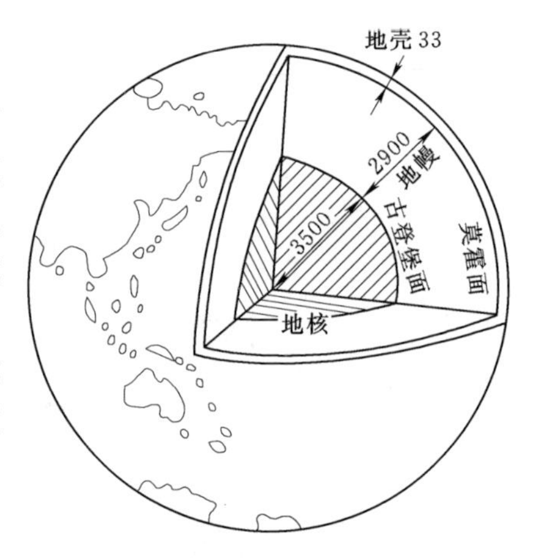

图 1－1　地球的结构（单位：千米）

（2）震中。震中也称为震中位置，是震源在地表水平面上的垂直投影，用经度、纬度表示。实际上震中并非一个点，而是一个区域。简而言之震中就是从震源向上垂直对应地面的地方。

（3）震中距。地面上任一点到达震中的距离称为震中距。同样大小的地震，震中距越小，受到的影响或破坏越重。

（4）地震波。地震发生时，地下岩层断裂错位释放出巨大的能量，激发出一种向四周传播的弹性波称为地震波。地震波主要分为体波和面波。体波可以在三维空间中向任何方向传播。体波又可分为纵波和横波，纵波引起地面上下颠簸，横波使地面水平晃动，横波是造成破坏的主要原因。由于纵

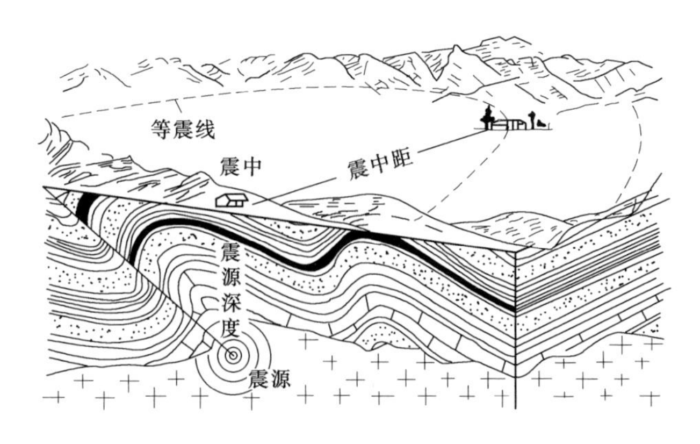

图 1－2　地震的空间结构

波在地壳中的传播速度较快，人们首先感到上下颠簸，横波随后到达时才感到晃动。纵波与横波到达的时间间隔短的只有几秒，长的有一两分钟。纵波的到达警告人们应尽快作出决策，抢在横波到达之前躲避到相对安全的位置。由于纵波的能量衰减较快，距离震中较远的地方感觉不到纵波，受地震造成的破坏也要轻得多。

3. 地震的等级

（1）震级。震级是指地震的大小，是表征地震强弱的量度，是以地震仪测定的每次地震活动释放的能量多少来确定的。地震释放的能量决定地震的震级，释放的能量越大震级越大。地震每相差一级，能量相差约 30 倍。我国目前使用的震级标准是国际上通用的里氏分级表，共分 9 个等级。通常把小于 2.5 级的地震称为小地震，2.5～4.7 级的地震称为有感地震，大于 4.7 级的地震称为破坏性地震。例如，一次 6 级地震释放的能量相当于美国投掷在日本广岛的原子弹所具有的能量；一次 7 级地震释放的能量相当于 32 次 6 级地震，也相当于 1000 次 5 级地震。

（2）地震烈度。地震烈度是指地震对地面造成的影响和破坏程度。同样大小的地震，造成的破坏不一定相同；同一次地震，在不同的地方造成的破坏也不一样。因此把地震烈度作为衡量地震破坏程度的指标。影响烈度的因素有震级、震源深度、距震源的远近、地面状况和地层构造等。一般情况下，震级越大、震源越浅，烈度也越大。一般来讲，一次地震发生后，震中区的破坏最重，烈度最高；这个烈度称为震中烈度。从震中向四周扩展，地震烈度逐渐减小。我国 1980 年重新编订了地震烈度表（表 1－1）。例如，1976 年唐山地震，震级为 7.8 级，震中烈度为 11 度；受唐山地震的影响，天津市地震烈度为 8 度，北京市烈度为 6 度，再远到石家庄、太原等的地震烈度就只有 4～5 度了。

表 1－1　　地震烈度表

烈 度	人的感觉、一般房屋等震害程度
1	无感——仅仪器能记录到
2	微有感——特别敏感的人在完全静止中有感
3	少有感——室内少数人在静止中有感，悬挂物轻微摆动
4	多有感——室内大多数人、室外少数人有感，悬挂物摆动，不稳器皿作响
5	惊醒——室外大多数人有感，家畜不宁，门窗作响，墙壁表面出现裂纹
6	惊慌——人站立不稳，家畜外逃，器皿翻落，简陋棚舍损坏，陡坎滑坡
7	房屋损坏——房屋轻微损坏，牌坊、烟囱损坏，地表出现裂缝及喷沙、冒水
8	建筑物破坏——房屋多有损坏、少数破坏，路基塌方，地下管道破裂
9	建筑物普遍破坏——房屋大多数破坏、少数倾倒，牌坊、烟囱等崩塌
10	建筑物普遍摧毁——房屋倾倒，道路毁坏，山石大量崩塌，水面大浪扑岸
11	毁灭——房屋大量倒塌，路基、堤岸大段崩毁，地表产生很大变化
12	山川易景——一切建筑物普遍毁坏，地形剧烈变化、动植物遭毁灭

4. 地震的类型

不同的地震有不同的成因。根据地震的形成原因，地震可分为构造地震、火山地震、陷落地震和诱发地震四种类型。

（1）构造地震。由构造运动所引发的地震称为构造地震，也称为断层地震，约占地震总数的 90%，包括世界上绝大多数震级较大的地震。此类地震的特点为活动频繁，延续时间长，影响范围广，而破坏性也最大。因此，构造地震多为地震研究的主要对象。它是由地壳（或岩石圈，少数发生在地壳以下的地幔部位）发生断层而引起的。地壳在构造运动中发生形变，当变形超出了岩石的承受能力，岩石就发生断裂，在构造运动中长期积累的能量瞬间释放，造成岩石震动，从而形成地震。

（2）火山地震。由火山活动所引起的地震称为火山地震。火山活动时，岩浆及其挥发物质向上移动，一旦冲破火山口附近的围岩时即会产生地震。此类地震有时发生在火山喷发前夕，可以成为火山活动的前兆，有时直接伴随火山喷发而发生。通常火山地震的强度都不太大，震源也较浅，因此常限于火山活动地带，一般为深度不超过 10 千米的浅源地震，影响范围小。火山地震的数量约占地震总数的 7%。地震和火山往往存在关联，火山爆发可能会激发地震，而发生在火山附近的地震也可能引起火山爆发。全球最大的火山地震带是环太平洋地带。

（3）陷落地震。石灰岩地区经地下水溶蚀常形成许多地下洞坑，由于地下水溶解了可溶性岩石，使岩石中出现空洞并逐渐扩大，或由于地下开采形成巨大空洞，造成岩石顶部和土层崩塌陷落所引起的地震称陷落地震。此类地震的震源极浅，影响范围很小，主要见于石灰岩及其他易溶岩石地区，如岩盐、煤田发达地区。陷落地震的能量主要来自重力作用。矿洞塌陷或大规模山崩、滑坡等亦可诱发。这类地震约占地震总数的3%，震级都很小。

（4）诱发地震。在特定地区因某种外界因素诱发而引起的地震称为诱发地震。这些外界因素可以是地下核爆炸、陨石坠落、油井灌水等，其中最常见的是水库地震。水库蓄水后改变了地面的应力状态，且库水渗透到已有断层中，起到润滑和腐蚀的作用，促使断层产生新的滑动。但并不是所有的水库蓄水后都会发生水库地震，只有当库区存在活动断裂、岩性刚硬等条件，才有诱发的可能性。地下核爆炸时产生的短暂巨大压力脉冲也可诱发原有断层再度发生滑动，从而造成地震。有时地质工作者为探明附近地层的矿产资源储量及分布，往往采取人工爆炸制造小规模地震的方法，根据地震波的传递情况来判断。

二、地震的次生灾害

1. 地震次生灾害的主要类型

许多自然灾害，特别是等级高、强度大的自然灾害发生以后，常常诱发一连串的其他灾害，这种现象叫灾害链。灾害链中最早发生的灾害称为原生灾害，由原生灾害所诱导出来的灾害称为次生灾害。

地震次生灾害主要有火灾、水灾（海啸、水库垮坝等）、传染性疾病（如瘟疫）、有毒有害物质包括放射性物质的泄漏与扩散、其他自然灾害（滑坡、泥石流）、停产（含文化、教育事业）、生命线工程被破坏（通信、交通、供水、供电等）、社会动乱（大规模逃亡、抢劫、社会恐慌和心理障碍等）。

上述各种次生灾害中，若地震发生在城市，容易引发火灾、触电、生命线工程破坏、有毒有害物质泄漏、社会动乱、停产等次生灾害；若地震发生在农村，容易引发水灾、传染性疾病、停产和迷信活动等；若地震发生在山区，容易引发崩塌、滑坡、泥石流与堰塞湖溃决等地质灾害；若地震发生在沿海，容易发生海啸与海岸崩塌。

地震次生灾害有时所造成的损失往往要超过地震的原生灾害。如1923年9月1日日本的关东大地震，死亡和失踪14万人，其中东京死亡的7.1万人中，烧死的占5.6万人，海啸吞没1万多人，直接因房屋倒塌压死的仅3000多人。2004年12月26日发生在印尼苏门答腊的9级地震引发了规模空前的海啸，波及印度洋沿岸各国，约30万人死亡，大部分死于海啸。汶川地震中，北川县之所以灾情最重、死亡最多，也是因为地震引发的特大滑坡把多半个县城掩埋。

2. 怎样预防地震次生灾害

（1）对工矿企业易燃、易爆、剧毒物品要严密监视，尽可能放置在安全地带，并采取严密的防范措施。一旦发现有泄漏要立即采取控制措施，必要时迅速转移和疏散附近居民。

（2）对于大型水库、堤坝等，要预先做好防震检查，发现问题及时加固。水库下游居民在地震发生时要严密注视堤坝安全，遇险情除组织力量抢救外，要迅速向安全地带转移。

（3）地震引发崩塌可能堵塞河道，遇此情况要立即组织人员疏通，以免造成水灾。

（4）接到地震预报或发生地震后，要有秩序地组织疏散，尽快离开房屋，注意避开高压电线、变压器，以防电杆或电线震断触电伤人。

（5）在山区还要远离悬崖陡壁，以免山崩、塌方时伤人。还应离开大水渠、河堤两岸，这些地方容易发生较大的地滑或塌陷。

三、地震的危害

1. 地震的危害机理

地震发生时，最基本的现象是地面的连续震动，主要是明显的晃动。

极震区是震中附近震动最强烈、破坏也最严重的地区。在极震区的人在感到大的晃动之前，有时首先感到上下跳动。这是因为地震波从地内向地面传来，纵波首先到达的缘故。横波接着产生大振幅的水平方向的晃动，是造成地震灾害的主要原因。1960 年智利大地震时，最大的晃动持续了 3 分钟。地震造成的灾害首先是破坏房屋和构筑物。如 1976 年唐山大地震，70% ~ 80% 的建筑物倒塌，人员伤亡惨重。

强烈地震在损坏地面物体的同时，还可引发火灾、水灾、瘟疫、爆炸、漏电、有毒物质泄漏、停电、海啸、滑坡、地裂、地面沉降等一系列次生或衍生灾害，损失常超过地震本身。

地震对自然界景观也有很大影响，最主要的后果是地面出现断层和地裂缝。大地震的地表断层常绵延几十至几百千米，往往具有较明显的垂直和水平错距，能反映出震源处的构造变动特征。但并不是所有地表断裂都直接与震源的运动相联系，它们也可能是由于地震波造成的次生影响。特别是地表沉积层较厚的地区，坡地边缘、河岸和道路两旁常出现地裂缝，这往往是由于地形因素，在一侧没有依托的条件下晃动使表土松垮和崩裂。地震的晃动使表土下沉，浅层地下水受挤压会沿地裂缝上升至地表，形成喷沙冒水现象。大地震能使局部地形改观，或隆起，或沉降，使城乡道路坼裂、铁轨扭曲和桥梁折断。在现代化城市中，由于地下管道破裂和电缆被切断造成停水、停电和通信受阻。煤气、有毒气体和放射性物质泄漏可导致火灾和毒物、放射性污染等次生灾害。在山区，地震还能引起山崩和滑坡，常造成掩埋村镇的惨剧。崩塌的山石堵塞江河，在上游形成堰塞湖，一旦溃决，洪水将严重威胁下游人民生命和财产安全。

2. 地震的直接危害与间接危害

地震是危害极大的自然灾害，包括直接危害和间接危害。

（1）直接危害。主要是房屋倒塌、人畜伤亡和设施损毁，特别是交通、电力、通信、给水、排水等生命线工程的损坏，常导致一个地区的生产停顿和居民生活的极大困难。如2008年汶川地震造成的直接经济损失为8451亿元人民币，以四川最严重，占到总损失的91.3%，甘肃占到总损失的5.8%，陕西占总损失的2.9%。

（2）间接危害。主要是指各种次生灾害和衍生灾害造成的后果。在城市，地震对生命线系统的破坏常引发火灾、触电、有毒有害物质泄漏而造成人员伤亡；在农村，常造成水利设施和生态环境的破坏，在山区常引发崩塌、滑坡和泥石流，并进一步形成若干堰塞湖，一旦溃决对下游的冲击力极大。地震引发的地质灾害还造成严重的水土流失和耕地质量下降。地震对生态环境和生命线系统的破坏力也很强，还经常造成严重的环境污染，并有可能导致瘟疫的流行。

地震造成的人员伤亡、房屋和设施损毁以及交通、供电和通信系统的瘫痪，通常导致震区相当长时期的生产停顿和物质损失，这种损失还会沿着产业链向震区以外的下游产业传递。如1976年我国经济增长速率比上一年大幅度下降，很大程度上是由于唐山地震造成的。

地震及地震谣言还会造成社会秩序的混乱。如1990年7月社会上传说江西省的万年、余干、波阳、弋阳、乐平等县在7~9月将发生6级地震，不少人信以为真，有些人变得心灰意冷，以为世界末日到了，不愿生产，置“双抢”于不顾，宰杀耕牛、猪、鸡，变卖生产资料和工具，有的人纷纷从银行取出存款到外地避震，有的人到保险公司投保，严重影响了正常的农业生产，给社会造成了不应有的损失。

亲人在地震中伤亡的幸存者和参与抢救的志愿者在亲身经历或目睹了地震的惨剧后，常常造成严重的心理伤害，其消极后果可以延续许多年。在汶川地震中，有的人在地震发生时表现得很坚强，在抢险救援中作出了很大的贡献，但却经受不住震后痛失亲人的悲痛和面对一片废墟的无奈，竟走上了轻生之路。心理学专家经调查研究认为，看到灾难现场而家庭没有亲人伤亡的人比没看到现场而家里有亲人在地震中遇难的人的心理伤害更重，要着重对这些人进行心理疏导。

四、地震对城市和农村的影响差异

农村地域广大，地震发生的概率要远远大于城市。最近10年来发生的破坏性地震99%以上都发生在农村地区。农村民居倒塌毁损是造成人员伤亡和财产损失的重要原因。小震致灾甚至小震大灾是农村地震灾害的显著特点。这与村民居选址不合理、建筑质量不高、防震保安能力不强有密切关系。

在农村地震中，民居破坏是最主要的经济损失，一般占总经济损失的70%～90%。在一些贫困地区，房屋破坏几乎要占到经济损失的100%。

城市地震中，由于建筑物多为钢筋混凝土结构，抗震性较好，房屋损毁率不像农村那样高。但是城市建筑物与人口密度大，当城市位于震中时伤亡人数往往很大。此外，由于城市经济总量大，地震经济损失的绝对值也要比农村大得多。

1. 从防震角度看农村与城市的建筑差异

目前我国居民房屋大体分为四类：土木结构、砖木结构、砖混结构和框架结构。其中以框架结构的抗震效果最好，土木结构最差。但土木结构由于造价低，依然是农村房屋的主要类型。城市建筑多为框架结构、砖混结构，抗震性能要好些。唐山地震伤亡惨重，一方面是由于震级特别高，破坏力特别大；另一方面也是由于绝大部分房屋由预制水泥板像积木一样拼接而成，缺乏整体性。唐山地震之后，各地对城市新建房都提出了抗震设计要求，对旧房也都进行了抗震加固，普遍使用钢筋连接，整体性明显加强，若再发生地震，可大大减少房屋倒塌和人员伤亡。但农村建房很少经过正规设计，农民建房时往往追求尽可能大的使用面积，一般都是自己动手盖房，因陋就简，就地取材，抗震性能更是无从谈起。

从震后我国地震局发布的报告看，抗震性能差的主要原因在于受灾地区的房屋是“里软外硬”结构，内墙为石块，外墙包砖，内外“两层皮”。这样的房屋结构基本不具备抗震性能，在破坏性地震中极易倒塌，导致石块砸死砸伤人畜。

2. 农村与城市的居民生产及社会活动差别

农村居民的活动范围小，通常在田间地头、庭院或室内，流动性小，室外活动较多，白天发生地震时不易受伤，发生地震后家庭成员和亲友之间比较容易找到。但农村的通信条件较差，地震后外出人员不易联系到。农村房屋建筑也比较简单，北方多为平房，南方经济发达地区一般为两三层楼，房屋之间有一定距离，一旦发生地震，人员可迅速从房屋里面跑出来。由于农村的空旷地很多，又有很多树木，容易找到或搭建地震临时避险场所。但农民的科学文化素质相对较低，发生地震时，地震谣言和迷信活动要比城市多，农村居民的避震逃生和救援行为往往带有更多的盲目性。农村由于自然水源较多，农田中还有一些蔬菜、果树和粮食作物，简易粮库一般也不容易倒塌，震后短期生存要比城市里容易解决。

城市居民活动范围大，流动性高，一旦发生地震，家庭成员之间不易立即汇合。但是城市的通信条件好，社会组织能力强，外出人员要比农村更容易联系到。并且城市建筑分布密集，一幢建筑内往往容纳许多人，地震时的疏散难度要比农村大得多。由于城市缺乏空旷地，临时搭建避难场所要比农村困难，地震后由于交通断绝，外边的食物一时运不进来，很快就会发生生存危机。

3. 农村与城市的地震次生灾害差异

地震次生灾害大致可分为三类：第一类是地震次生自然灾害，如滑坡、崩塌落石、泥石流、地裂缝、地面塌陷、砂土液化等次生地质灾害和水灾，发生在深海地区的强烈地震还可能引起海啸；第二类是地震引发的技术事故和灾难，如道路破坏导致交通瘫痪和事故、煤气管道破裂形成的火灾、电力设施破坏导致的电击事故、下水道损坏对饮用水源的污染、电信设施破坏造成的通信中断、工厂有毒有害物质泄漏污染、医院废弃物污染或放射性污染、瘟疫流行等；第三类是地震引发的社会事件，包括地震中或轻信地震谣传盲目逃生时的拥挤践踏伤亡和跳楼死伤、地震中的偷盗和抢劫等犯罪行为、因突发地震停工停产和交通运输商贸中断造成的经济损失以及地震造成的心理创伤和自杀现象等。城市的地震次生灾害以后两类为主，农村的地震次生灾害以第一类为主，在贫困落后的国家和地区还有可能因灾后瘟疫、饥荒和冻伤等衍生灾害造成大量死亡。

现代社会高度依赖交通、供电、供水、供气、供热、通信和排水等生命线管网系统。城市里各种生命线工程高度集中，地上地下各种管网密布错综复杂，地震的次生灾害尤为突出。

农村地区经济相对不发达，许多农村还处于山区，地形复杂，次生灾害主要是自然层面的，如山体滑坡、泥石流、堰塞湖溃决、地面塌陷等，震后环境污染和瘟疫流行也是农村地区容易发生的地震衍生灾害。经济比较发达的农村，供电、通信、自来水和排污水也开始普及，生命线系统的次生灾害变得日益突出。如 2008 年 5 月 12 日四川汶川发生 8 级地震，邻近的北川县山体滑坡严重，最大一处达几万平方米，地震引起公路两边的房屋大片倒塌，路面大部分被破坏，大型机械设备无法进入灾区。

第二节　地震的减灾对策

一、提高防震减灾能力

1. 加强地震测报工作

1966年邢台地震后，我国逐步建立了地震监测网，开展了地震预报。1975年成功地预报出营口、海城的7.3级地震，仅死亡2041人。按邢台地震和通海地震的震中区死亡率推算，如无预报至少将死亡十万人以上。唐山地震后，进一步完善了全国的地震测报台站网。目前，临震预报仍是一个世界难题，而且越是强震，常规的地震前兆越不明显。要突破地震预报的技术难关还要做长期艰苦的探索。但在现有工作基础上改进地震的预警工作还是有可能的。

2. 防震抗震工程

在评价地基区域稳定性时必须首先考虑地震问题。对于重要的高层建筑、地下工程、重要水利枢纽及具有纪念意义的建筑，更是不能忽视。对地震进行工程地质研究的主要任务就是抗震。选择良好的场地，保证建筑安全。场地的选择不但直接关系到建筑安全，而且还涉及房屋造价问题。国家已经编制了全国的地震烈度分布图，规定了不同烈度地区房屋建筑的防震设计标准。历次地震都表明，地质断裂带附近的建筑物损毁特别严重，在城镇建设规划中一定要尽量避开已知的地质断裂带，已经建在断裂带上的建筑物应提高防震加固的标准。农村建筑防震是减少伤亡的重要保障，要按照防震标准进行设计，在建筑材料和质量上应符合防震需要。农村学校和公共场所需要执行更高的建筑防震标准。

3. 地震防灾信息系统建设

基层地震管理部门要根据区域地震风险情况建立地震防灾信息系统，掌握区域人口密度、建筑结构、建筑质量等信息，以便于能够在地震发生的第一时间推断房屋受损情况、人员伤亡的风险，并制定防震预案，根据震情有计划地展开救助求援工作。

4. 救援和重建

建立健全各级抗震应急机构，储备地震救援物资，建立地震应急救援的志愿者队伍，编制地震应急预案并经常演练。在发生地震时能有效地组织政府、军队和社会各界的力量高效有序地开展救援，并充分利用国际援助。

5. 防震减灾的宣传教育

1966年以后，我国加强了防震减灾的宣传教育并列入中小学课本，开展了各种形式的科普宣传，提高了社会各界对地震灾害的认识和承受能力。在历次地震中，许多人都是通过学习和了解地震避险的知识和技能，在发生地震的第一时间能够正确选择逃生策略和自救、互救技能而增加了生还的机会。在地震灾害发生时，绝大多数人是通过自救和邻近互救逃生的，通过外援救助的主要是深埋或救助困难的人员。由于专业救援队伍少，难以第一时间到达现场，虽然救援能力强，但救出人数所占比例常常较低。所以宣传防震救助知识，提高自救和互救意识与能力至关重要。

二、房屋建筑的防震减灾

1. 房屋建筑的防震选址

应选择地势平坦、开阔、土层密实、均匀或稳定基岩等有利地段建造房屋。不宜在软弱土层、可液化土层、河岸、湖边、古河道、暗沟或沟谷、陡坡、松软的人工填土以及孤突的山顶或山脊等不利地段建房。不宜在可能发生滑坡、崩塌、地陷、地裂、泥石流及有活动的断裂带、地下溶洞等危险地段建房。并应避开水源保护区、水库泄洪区、病险水库下游地段，避开高压输电线路。

尽可能避开地质断裂带。如只能沿此带建房，必须进行防震设计和加固。

山区农村最重要的是避免在滑坡体和地质不稳定沟谷内建房，也不要在滑坡常发地带的河边低地建房。应选择地势略高、相对开阔、地基比较稳定的地方。

平原农村最重要的是避免在地质断裂带附近和土质松软的地方建房，尽可能避开水库坝下，也不要在高压线塔和电杆旁。

城市郊区农村建房除避开地质断裂带和要求地基稳固外，还要注意建筑物间保持合理间隔，发生地震时逃生道路通畅，有建造临时避险场所的空地可利用。

2. 房屋建筑的地震设防

抗震设防是为达到抗震效果，在工程建设时对建筑物进行抗震设计并采用抗震设施。GB 50011—2010《建筑抗震设计规范》规定，地震烈度 6 度及以上地区的建筑必须进行抗震设防。

抗震设防通常包括三个环节：确定抗震设防要求、抗震设计、抗震施工。

抗震设防目标指建筑结构遭遇不同水准的地震影响时，对结构、构件、使用功能、设备的损坏程度及人身安全的总体要求。要求建筑物在使用期间对不同频率和强度的地震应具有不同的抵抗能力。一般发生较小地震时，要求结构不受损坏，在技术上和经济上都可以做到；对于罕遇的强烈地震，由于发生可能性小但破坏性强，要保证结构完全不损坏，不仅技术难度大，经济投入也过大，这时应允许有所损坏但不倒塌，不至于致人死伤。我国还是一个发展中国家，目前还不可能为建筑抗震进行超出国力的投入，即使在发达国家也不是所有地区和所有建筑物都实行高水平抗震设计和施工。GB 50011—2010 中根据这些原则将抗震目标与三种烈度相应分为三个水准，通常概括为“小震不坏，中震可修，大震不倒。”

第一水准：遭受低于本地区抗震设防烈度的多遇地震（或称小震）影响时，建筑物一般不受损坏或不需修理仍可继续使用。

第二水准：遭受本地区规定设防烈度的地震（或称中震）影响时，建筑物可能产生一定的损坏，经一般修理或不需修理仍可继续使用。

第三水准：遭受高于本地区规定设防烈度的预估的罕遇地震（或称大震）影响时，建筑可能产生重大破坏，但不致倒塌或发生危及生命的严重破坏。

结构物在强烈地震中完全不损坏是不可能的，抗震设防的底线是建筑物不倒塌，就可以大大减少生命财产的损失。设防烈度小于 6 度的地区，地震对建筑物的损坏程度较小，可以不考虑抗震设防。烈度 9 度以上地区，即使采取很多措施，仍难以保证安全，抗震设计应另按有关专门规定执行。GB 50011—2011 只适用于 6 ~ 9 度地区。

3. 农村房屋建筑抗震材料

（1）农村土结构房屋。黄土高原以土坯和夯筑墙为墙体修建房屋已有悠久历史，具有就地取材、用料少、造价低等特点，在西北农村相当多。由于自然环境和经济条件的限制，这类房屋还将长期存在。为改善黄土地区土结构房屋的抗震性能，最大限度地减轻地震损失，必须寻找提高建筑墙体材料抗震性能的方法和措施，以提高农村土结构房屋的整体抗震能力。

（2）农村木质结构房屋。林区房屋大多为木质结构，南方有些贫困地区还有不少以竹子为构架的茅草房。这些建材都比较轻，在地震中不易倒塌，主要问题是防火，应尽量在梁柱涂上防火漆，并在室内储备足够的消防物资和器材。另外还需要使用钢筋将主要构件连接成一个整体，防止在地震中梁柱等大型构件倒塌伤人。

（3）农村砖混结构房屋。目前农村房屋砖混结构占绝大多数，大多数民房缺乏抗震设计，且大多是农民自己邀集亲友施工，抗震性能较差。特别是有些地方仍在使用水泥预制板拼接，一旦在地震中垮塌，往往非人力所能搬移。

经过 30 多年的努力，我国已能生产多种类型抗震建筑材料，成本和价格在不断降低。

4. 农村房屋建筑防震的结构设计

汶川大地震中，凡是结构严谨、设计合理、用料讲究的楼房，都安然无恙。被震塌的要么是农村的砖混结构房屋，要么是水泥预制件结构楼房，还有一些建筑物是施工者偷工减料，钢筋细如丝，水泥像豆腐渣。为此，必须加强建筑防震结构设计和施工监管。

钢材的特点是强度高、重量轻，同时由于钢材料的匀质性和强韧性，能很好地承受动力荷载，具有很好的抗震能力。由于钢结构建筑的造价较高，一般农村房屋建筑用不起，但可以在重要构件的连接处使用以增强房屋的整体性与弹性。

目前，我国农村大部分住房是砖混结构，采用框架结构可显著提高抗震性。由钢筋混凝土浇筑成的承重梁柱组成骨架，再用空心砖或预制的加气混凝土、陶粒等轻质板材作隔墙分户装配而成。墙主要是起围护和隔离的作用，由于墙体不承重，所以可由各种轻质材料制成。

有些农村是由集体统一规划设计成片盖的新房，因水库、矿山或修公路、铁路占地的农村往往由国家统一设计修建。有些农民在房屋装修中为图方便好看或使小间并成大间，擅自拆掉承重墙，这是极其危险的。一般情况下，如果底层的某户居民将承重墙大面积拆除，将导致该楼的抗震性能减弱和负荷应力出现异常，如此时发生 8 级地震，楼体很可能整体坍塌。即使是平房，厚度 20 厘米以上的承重墙拆掉也很难经受强烈地震的袭击。另外，承重墙也不能随意凿洞，这也有损于房屋的抗震性。

另外，一般房间与阳台之间的墙上都有一门一窗，窗以下的墙称为配重墙，是绝对不能动的，它像秤砣一样起着挑起阳台的作用，拆改后会使阳台的承重力下降，导致阳台下坠。已建门窗的尺寸也不能随意拆改，扩大原有门窗的尺寸或另建门窗，都会造成楼房的局部裂缝，严重影响抗震能力和缩短使用寿命。

5. 已建农村房屋的防震加固

（1）墙体的加固。墙体有两种：一种是承重墙；另一种是非承重墙。加固的方法有拆砖补缝、钢筋拉固、附墙加固等。

（2）楼房和房屋顶盖的加固。一般采用水泥砂浆重新填实、配筋加厚的方法。

（3）建筑物突出部位的加固。如对烟囱、出屋顶的水箱间、楼梯间等部位，采取适当措施设置竖向拉条，拆除不必要的附属物。

（4）维修老旧房屋。墙体如有裂缝或歪闪，要及时修理；易风化酥松的土墙，要定期抹面；屋顶漏水应迅速修补；大雨过后要马上排除房屋周围积水，以免长期浸泡墙基。木梁和柱等要预防腐朽虫蛀，如有损坏及时检修。

第二章

崩塌与滑坡

第一节 崩　　塌

一、崩塌的基本知识

1. 崩塌概念

崩塌（又称崩落、垮塌或塌方）是指较陡斜坡上的岩土体在重力作用下突然脱离山体崩落、滚动，堆积在坡脚（或沟谷）的地质现象。大小不等、零乱无序的岩块（土块）呈锥状堆积在坡脚的堆积物称崩积物。陡峻山坡上岩块、土体在重力作用下，发生突然、急剧的倾落运动，多发生在60°~70°以上的斜坡上。

崩塌的物质称为崩塌体。崩塌体为土质者，称为土崩［图2-1（a)］；

（a）土崩（兰州城区边坡崩塌现场）

（b）山崩（贵州省凯里市龙场镇山体崩塌）

图2-1　崩塌现场

崩塌体为岩质者，称为岩崩；大规模的岩崩，称为山崩［图2－1（b）］。崩塌可以发生在任何地带，山崩限于高山峡谷区内。崩塌体与坡体的分离界面称为崩塌面，崩塌面往往就是倾角很大的界面，如节理、片理、劈理、层面、破碎带等。

崩塌体的运动方式为倾倒、崩落。崩塌体碎块在运功过程中滚动或跳跃，最后在坡脚处形成堆积地貌——崩塌倒石锥。崩塌倒石锥结构松散、杂乱、无层理、多孔隙；由于崩塌所产生的气浪作用，使细小颗粒的运动距离更远一些，因而在水平方向上有一定的分选性。

2. 崩塌的类型

崩塌的类型多种多样，并有不同的分类方法。

（1）根据坡体物质组成和移动特征及与环境因素关系分类。

1）崩积物崩塌。山坡上已有的崩塌岩屑和砂土等物质，由于它们的质地很松散，当有雨水浸湿或受地震震动时，可再一次形成崩塌。

2）表层风化物崩塌。在地下水沿风化层下部的基岩面流动时，引起风化层沿基岩面崩塌。

3）沉积物崩塌。有些由厚层的冰积物、冲击物或火山碎屑物组成的陡坡，由于结构松散，形成崩塌。

4）基岩崩塌。在基岩山坡面上，常沿节理面、地层面或断层面等发生崩塌。

（2）根据崩塌体的移动形式和速度分类。

1）散落型崩塌。在节理或断层发育的陡坡，或是软硬岩层相间的陡坡，或是由松散沉积物组成的陡坡，常形成散落型崩塌。

2）滑动型崩塌。沿某一滑动面发生崩塌，有时崩塌体保持了整体形态，与滑坡很相似，但垂直移动距离往往大于水平移动距离。

3）流动型崩塌。松散岩屑、砂、黏土，受水浸湿后产生流动崩塌。这种类型的崩塌和泥石流很相似，称为崩塌型泥石流。

二、崩塌的成因分析

崩塌是山体斜坡地段的一种表生动力地质作用。崩塌的发育分布及其危害程度与地质环境背景条件、气象水文及植被条件、经济与工程活动及其强度有着极为密切的关系。其中，新构造运动是内因，不良气候条件是主要的诱发因素，不合理的人类经济或工程活动使得地质灾害的发生频率和成灾强度不断增高。

1. 形成崩塌的内在条件

岩土类型、地质构造、地形地貌三者通称地质条件，是形成崩塌的基本条件。

（1）岩土类型。岩土是产生崩塌的物质条件。不同类型的岩土所形成崩塌的规模大小不同。通常岩性坚硬的各类岩浆岩（又称火成岩）、变质岩及沉积岩（又称水成岩）的碳酸盐岩（如石灰岩和白云岩等）、石英砂岩、砂砾岩、初具成岩性的石质黄土、结构密实的黄土等容易形成规模较大的岩崩，页岩、泥灰岩等互层岩石及松散土层等往往以坠落和剥落为主。

（2）地质构造。各种构造面，如节理、裂隙、层面、断层等，对坡体的切割、分离，为崩塌的形成提供脱离体（山体）的边界条件。坡体中的裂隙越发育越易产生崩塌，与坡体延伸方向近乎平行的陡倾角构造面最有利于崩塌的形成。

（3）地形地貌。江、河、湖（岸）、沟的岸坡及各种山坡、铁路、公路边坡，工程建筑物的边坡及各类人工边坡都是有利于崩塌产生的地貌部位，坡度大于45°的高陡边坡、孤立山嘴或凹形陡坡均为崩塌形成的有利地形。

2. 诱发崩塌的外界因素

（1）地震。地震引起坡体晃动，破坏坡体平衡，从而诱发坡体崩塌，一般烈度大于7度以上的地震都会诱发大量崩塌。

（2）降水。降水融雪、降雨，特别是大暴雨、暴雨和长时间的连续降雨，使地表水渗入坡体，软化岩土及其中软弱面，产生孔隙水压力等，从而诱发崩塌。

（3）水土流失。河流等地表水体不断地冲刷、浸泡边脚，也能诱发崩塌。

（4）不合理的人类活动。如开挖坡脚，地下采空，水库蓄水、泄水等改变坡体原始平衡状态的人类活动，都会诱发崩塌活动。

还有一些其他因素，如冻胀、昼夜温度变化等也会诱发崩塌。崩塌的形成则是上述各种因素的不利组合和综合作用的结果。

三、崩塌的发生规律与危害

1. 崩塌的分布

崩塌在我国分布非常广泛。据统计，自1949年以来，我国东起浙江、福建、辽宁，西至新疆、西藏，北起内蒙古，南到海南、广东，至少有22个省（自治区、直辖市）不同程度地遭受过崩塌的侵扰和危害。我国的西南山区、青藏高原东南部是滑坡、崩塌发育的重灾区。其中四川是我国发生滑坡、崩塌次数最多的省，约占全国滑坡、崩塌总数的1/4；其次是陕西、云南、甘肃、青海、贵州、湖北等地，是我国滑坡、崩塌的主要分布区域。

如果以秦岭—淮河一线为界，南方多于北方，差异性明显；以大兴安岭一太行山—云贵高原东缘一线为界，西部多于东部，差异性也很明显。以上四川、陕西、云南、甘肃、青海、贵州、湖北诸省则是这两条界线共同划分的重叠区，即崩塌主要分布区。

2. 崩塌的发生规律

（1）崩塌发生时间。

1）降雨过程中或稍滞后的崩塌。主要指特大暴雨、大暴雨或较长时间的连续降雨，这是出现崩塌最多的时间。

2）强烈地震过程中的崩塌。主要指 6 级以上的强震，震中区（山区）通常有崩塌出现。

3）开挖坡脚过程中或滞后一段时间的崩塌。因工程（或建筑场）施工开挖坡脚，破坏了上部岩（土）体的稳定性，常发生崩塌。崩塌有时就发生在施工过程中，这以小型崩塌居多。较多的崩塌发生在施工之后一段时间里。

4）水库蓄水初期及河流洪峰期的崩塌。水库蓄水初期或库水位的第一个高峰期，库岸岩、土体首次浸没（软化），上部岩土体容易失稳，尤以在退水后产生崩塌的几率最大。

5）强烈的机械震动及大爆破之后的崩塌。

（2）崩塌体的识别方法。对于可能发生的崩塌体，主要根据坡体的地形、地貌和地质结构的特征进行识别。通常可能发生的坡体在宏观上有如下特征：

1）坡体大于 45°且高差较大，或坡体成孤立山嘴，或凹形陡坡。

2）坡体内部裂隙发育，尤其垂直和平行斜坡延伸方向的陡裂隙发育或顺坡隙或软弱带发育，坡体上部已有拉张裂隙发育，并且切割坡体的裂隙，裂缝即将可能贯通，使之与母体（山体）形成了分离之势。

3）坡体前部存在临空空间，或有崩塌物发育，这说明曾发生过崩塌，今后还可能再次发生。

具备了上述特征的坡体即是可能发生的崩塌体，尤其当上部拉张裂隙不断扩展、加宽，速度突增，小型坠落不断发生时，预示着崩塌很快就会发生，处于一触即发状态。

3. 人类活动引发的崩塌

在形成崩塌的基本条件具备后，崩塌的发生就取决于诱发因素作用的时间和强度。能诱发崩塌的外界因素很多，人类工程经济活动是其中一个重要原因。

（1）采掘矿产资源。我国在采掘矿产资源活动中出现崩塌的例子很多，有露天采矿边坡崩塌，也有地下采矿形成采空区引发地表崩塌。较常见的如煤矿、铁矿、磷矿、石膏矿、黏土矿等。

（2）道路工程开挖边坡。修筑铁路、公路时，开挖边坡切割了外倾的或缓倾的软弱地层，大爆破时对边坡强烈震动，有时削坡过陡都可以引起崩塌，此类实例很多。

（3）水库蓄水与渠道渗漏。这里主要是水的浸润和软化作用，以及水在岩（土）体中的静水压力、动水压力可能导致崩塌发生。

（4）堆（弃）渣填土。加载及不适当的堆渣、弃渣、填土，如果处于地质不稳定的地段，相当于给可能的崩塌体增加了荷载，从而破坏了坡体稳定，可能诱发坡体崩塌。

（5）强烈的机械振动。如火车、机车行进的振动，工厂锻轧机械振动。

4. 崩塌的危害

由于人口快速增长和经济密集发展，加之人类对自然环境的破坏日趋严重，崩塌发生频度和成灾强度不断增高。据初步统计，1999 年我国共发生不同规模的崩塌、滑坡等突发事件约 18 万宗，造成 1200 多人死亡，1 万多人受伤，毁坏房屋 50 多万间，直接经济损失约 85 亿元。20 世纪 90 年代中期以来，每年造成死亡的人数超过 1000 人，经济损失达 200 多亿元。

（1）铁路、公路遭受崩塌灾害。铁路主要集中在宝成、宝兰、成昆、川黔、黔桂、鹰厦、青藏、太焦等线。据统计，我国铁路全线分布大中型崩塌约 1000 余处，平均每年中断交通运输 44 次，中断行车 800 多小时，经济损失 7580 万元，每年投入的整修费约 6500 万元。经过近几年的全面整治，路况有所好转，但至今仍有 76.4 千米属于“红灯段”（即环境质量较差、需要加强治理的路段，占线路总长的 14.5%），有 117 处灾害地质点（其中崩塌 93 处）需要进一步重点治理。公路以川藏、川云、川陕和川甘等线路最为严重。

（2）江河航道遭受崩塌灾害。崩塌对江河航道的危害也是严重的，如金沙江中下游，长江三峡、嘉陵江中下游等地受崩塌危害严重，1985 年长江三峡地区秭归新滩约 200 万立方米滑体滑入长江，造成航道断航近 1 个月，经济损失上亿元。此外，人类不合理的经济活动也造成了大量崩塌的发生，如水利工程施工违反程序与要求施用水漫流，造成高陡边坡滑塌；因采矿，特别是采用大规模爆破使高陡边坡滑塌。

除山石崩塌外，受气候变暖的影响，高寒地区的冰架也能发生崩塌。

四、崩塌的治理

1. 治理崩塌的基本原则

崩塌等突发性地质灾害的基本原则应坚持预防为主、防治结合的思想。

崩塌等地质灾害是在特定的河谷、山区环境中各种自然因素综合作用的产物，所以保护山区及河谷区的自然环境，抑制和破坏形成崩塌等地质灾害的基本条件，将减少甚至杜绝其产生的可能。同时，农业生产及工程建设应避开危险地段，在丘陵、山区和斜坡发育区应有针对性地修筑支挡工程、防滑墙、防滑林等，以减少崩、滑、流的危害，对已经形成的崩、滑、流应视其规模大小补以部分工程整治，防止地形恶化。

（1）行车中遭遇崩塌不要惊慌，应迅速离开有斜坡的路段。因崩塌造成车流堵塞时，应听从交通指挥，及时接受疏导。

（2）夏汛时节去山区峡谷郊游时，一定要事先收听当地天气预报，不要在大雨后、连绵阴雨天进入山区沟谷。

（3）雨季时切忌在危岩附近停留。不能在凹形陡坡、危岩突出的地方避雨、休息和穿行，不能攀登危岩。

（4）山体坡度大于45°，或山坡呈孤立山嘴、凹形陡坡等形状，以及坡体上有明显的裂缝，都容易形成崩塌。

2. 防治崩塌的工程措施

我国防治崩塌的工程措施主要有以下几个方面：

（1）遮挡。即遮挡斜坡上部的崩塌物。这种措施常用于中小型崩塌或人工边坡崩塌的防治，通常采用修建明硐、棚硐等工程，在铁路工程中较为常用。

（2）拦截。对于仅在雨后才有坠石剥落和小型崩塌的地段，可在坡脚或半坡脚上设置拦截构筑物。如设置落石平台和落石槽以停积崩塌物质，修建挡石墙以拦坠石；利用废钢轨、钢钎及钢丝等编制钢轨或钢钎棚栏来拦截崩塌物质，也常用于铁路工程。

（3）支挡。在岩石突出或不稳定的大孤石下面修建支柱、支挡墙或用废钢轨支撑。

（4）护墙、护坡。在易风化剥落的边坡地段修建护墙，对缓坡进行水泥护坡等，一般边坡均可采用。

（5）镶补勾缝。可用片石填补空洞、水泥砂浆勾缝等，以防止坡体中裂隙、缝和洞的进一步发展。

（6）刷坡、削坡。在危石、孤石突出的山嘴以及坡体风化破碎的地段，采用刷坡技术放缓边坡。

（7）排水。在有水活动的地段布置排水构筑物，以进行拦截与疏导。

上述工程措施的成本很高，仅用于重要的工程与设施保护。在生产上一般采取合理规划布局，使重要设施避开危险地段的做法。

第二节 滑　　坡

一、滑坡灾害的基本知识

1. 滑坡灾害

滑坡是指斜坡上的土体或者岩体，受河流冲刷、地下水活动、地震及人工切坡等因素影响，在重力作用下，沿着一定的软弱面或者软弱带，整体地或者分散地顺坡向下滑动的自然现象。

滑动面可以是受剪应力最大的贯通性剪切破坏面或带，也可以是岩体中已有的软弱结构面。软弱结构面和底部存在相对隔水基岩下垫层或不透水层易发生滑坡。规模大的滑坡一般是缓慢、长期地往下滑动，有些滑坡滑动速度也很快，但也有一些滑坡表现为急剧的滑动，下滑速度从每秒几米到几十米不等。滑坡多发生在山地的山坡、丘陵地区的斜坡、岸边、路堤或基坑等地带。滑坡对工程建设的危害很大，轻则影响施工，重则破坏建筑；由于滑坡，常使交通中断，影响公路的正常运输；大规模的滑坡可以堵塞河道，摧毁公路，破坏厂矿，掩埋村庄，对山区建设和交通设施危害很大（图2－2）。

图2－2　陕西榆林山体滑坡

我国从太行山到秦岭，经湖北西部、四川、云南到西藏东部一带滑坡发生密度极大，危害非常严重。滑坡灾害频次最高的是四川省，约占全国同类灾害的25%，其次是陕西、云南、甘肃、青海、贵州等省，其中四川、陕西、云南三省的滑坡、崩塌灾害占全国同类灾害的55.4%。

2. 滑坡的构成要素

滑坡在平面上的边界和形态特征与滑坡的规模、类型及所处的发育阶段有关。一个发育完全的滑坡一般包括以下要素（图2　3）。

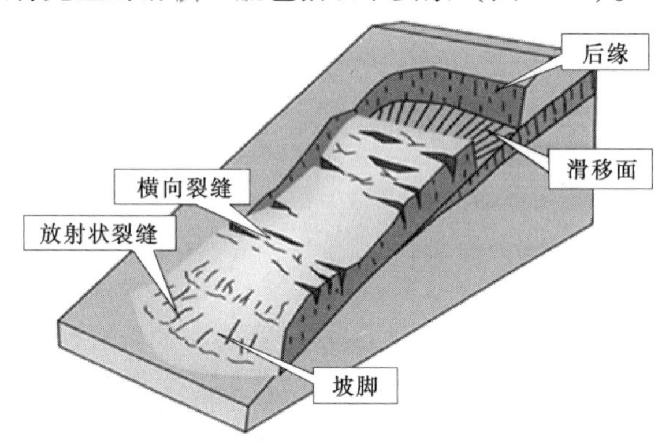

图 2－3　滑坡的示意图

（1）滑坡体。指整个滑动部分，即滑坡发生后与母体脱离开的滑动部分，简称滑体。

（2）滑坡壁。滑坡体后缘与不动体（母体）脱离开后暴露在外面的形似壁状的分界面，平面上多呈圈椅状。

（3）滑动面。滑坡体沿下伏不动体下滑的分界面，简称滑面。

（4）滑动带。平行滑动面受揉皱及剪切的破碎地带，简称滑带。

（5）滑坡床。滑体以下固定不动的岩土体，它基本上未变形，保持了原有的岩体结构，简称滑床。

（6）滑坡舌。滑坡体前缘形如舌状的凸出部分。

（7）滑坡台阶。滑体滑动时由于各段土体滑动速度的差异而在滑坡体表面形成台阶状的错台。

（8）滑坡周界。滑坡体和周围不动体在平面上的分界线，决定了滑坡的范围。

（9）滑坡洼地。滑动时滑坡体与滑坡壁间拉开成的沟槽，相邻滑体形成反坡地形，形成中间低四周高的封闭洼地。

（10）滑坡鼓丘。滑坡体前缘因受阻力而隆起的小丘。

（11）滑坡裂缝。滑坡活动时在滑体及其边缘所产生的一系列裂缝。分为：①位于滑体上（后）部多呈弧形展布者称拉张裂缝；②位于滑体中部两侧滑动体与不动体分界处者称剪切裂缝；③剪切裂缝两侧又常伴有羽毛状排列的裂缝称羽毛状裂缝；④滑坡体前部因滑动受阻雨隆起形成的张性裂缝称鼓胀裂缝；⑤位于滑坡体中前部，尤其滑舌部呈放射状展布者，称扇状裂缝。

以上滑坡诸要素只有发育完全的新生滑坡才同时具备，并非任一滑坡都同时具备。

二、滑坡的成因分析

1. 滑坡的触发因素

（1）降雨对滑坡的影响很大。降雨对滑坡的作用主要表现在雨水的大量下渗导致斜坡上的土石层饱和，甚至在斜坡下部的隔水层上积水，从而增加了滑体的重量，降低了土石层的抗剪强度，导致滑坡产生。不少滑坡具有“大雨大滑，小雨小滑，无雨不滑”的特点。

（2）地震对滑坡的影响很大。首先是地震的强烈作用使斜土石的内部结构发生破坏和变化，原有的结构面张裂、松弛，加上地下水也有较大变化，特别是地下水位的突然升高或降低对斜坡稳定很不利。另外，一次强烈地震的发生往往伴随着许多余震，在地震力的反复震动冲击下，斜坡土石就更容易发生变形，最后发展成滑坡。地震对滑坡孕育的影响可以说是一种短暂和突然的综合作用，通过强烈的震动和水平加速度使岩土体结构地下水发生变化后增加下滑力而表现出来。一般在西南岩质山区，6 级以上的强地震才能诱发滑坡。

2. 产生滑坡的主要条件

（1）地质地貌条件。

1）岩土类型。岩土体是产生滑坡的物质基础。一般来说，各类岩、土都有可能构成滑坡体，其中结构松散，抗剪强度和抗风化能力较低，在水的作用下其性质能发生变化的岩、土，如松散覆盖层、黄土、红黏土、页岩、泥岩、煤系地层、凝灰岩、片岩、板岩、千枚岩等，及软硬相间的岩层所构成的斜坡易发生滑坡。

2）地质构造条件。组成斜坡的岩、土体只有被各种构造面切割分离成不连续状态时，才有可能向下滑动。同时、构造面又为降雨等水流进入斜坡提供了通道。故各种节理、裂隙、层面、断层发育的斜坡，特别是当平行和垂直斜坡的陡倾角构造面及顺坡缓倾的构造面发育时，最易发生滑坡。

3）地形地貌条件。只有处于一定的地貌部位，具备一定坡度的斜坡，才可能滑坡。一般江、河、湖、水库、海、沟的斜坡，前缘开阔的山坡、铁路、公路和工程建筑物的边坡等，都是易发生滑坡的地貌部位。河流沟谷的下切作用是造成有效临空面的自然因素，道路边坡开挖是造成临空面的人为因素。

4）水文地质条件。地下水活动在滑坡形成中起着主要作用。它的作用主要表现在软化岩、土，降低岩、土体的强度，产生动力压力和孔隙水压力，增大岩、土容重，对透水岩层产生浮托力等。

（2）内外营力（动力）及人为作用的影响。内外营力（动力）主要诱发因素有地震、降雨和融雪、地表水的冲刷、浸泡、河流等地表水体对斜坡坡脚的不断冲刷等。人为作用的因素如下：

1）开挖坡脚。修建铁路、公路、依山建房、建厂等工程，常常使坡体下部失去支撑而发生下滑。

2）蓄水、排水。水渠和水池的漫溢和渗漏、工业生产用水和废水的排放、农业灌溉等，均易使水流渗入坡体，加大孔隙水压力，软化岩、土体，增大坡体容重，从而促使或诱发滑坡的发生，水库的水位上下急剧变动，加大了坡体的动水压力，也可使斜坡和岸坡诱发滑坡发生，支撑不了过大的重量，失去平衡而沿软弱面下滑。尤其是厂矿废渣的不合理堆弃，常常触发滑坡的发生。世界上最大的一起水库滑坡事件发生在1963年10月9日意大利的瓦依昂水库，滑坡致使当时世界上最高的双曲拱坝失事，在库水位达到高程为225.4米时，左岸山体发生滑坡，滑速高达28米/秒，产生了体积约2.7亿立方米的滑坡土石方，挤出了5000万立方米的库水。涌浪夺取了坝下游2600多人的生命。

3）其他劈山开矿的爆破作用。爆破可使斜坡的岩、土体受振动而破碎产生滑坡；在山坡上乱砍滥伐，使坡体失去保护，有利于雨水等水体的渗入，从而诱发滑坡等。

三、滑坡的成灾过程

1. 滑坡的前兆

不同类型、不同性质、不同特点的滑坡，在滑动之前均会表现出各种不同的异常现象，显示出滑动的征兆，归纳起来有以下几种：

（1）大滑动之前，在滑坡前缘坡脚处有堵塞多年的泉水复活现象，或者出现泉水或水井突然干枯、井下或钻孔水位突变等异常现象。

（2）滑坡体中前部出现横向及纵向放射状裂缝，是反映滑坡体向前推挤的明显迹象。

（3）大滑动之前，滑坡体前缘坡脚处土体出现上隆和凸起现象，是滑坡体向前推挤的明显迹象。

（4）大滑动之前，有岩石开裂或被剪切挤压的声响，反映了深部变形与破裂。动物对此十分敏感，有异常反应。

（5）临滑之前，滑坡体四周岩体或土体出现小型坍塌和松弛现象。

（6）如果在滑坡体上有长期位移观测资料，在大滑动之前，无论是水平位移量还是垂直位移量均会出现加速变化，是明显的临滑迹象。

（7）动物惊恐异常，植物变态。如猪、狗、牛惊恐不宁，不入睡，老鼠乱窜不进洞，树木枯萎或歪斜等。

2. 滑坡运动过程

滑坡运动是一个累进的破坏过程，由于内部结构、地形条件和外部影响因素的不同，可划分为不同阶段，形成不同的灾害形式。

滑坡运动按照速度可分为高速滑坡和低速滑坡，取决于能量转化的高低和下滑力的大小。低速滑坡呈现出一定的蠕滑和间歇运动特性，一般可分为启动、滑动和停滞三个阶段。现在虽对滑坡运动阶段划分达成了某些共识，但对于各个阶段具体界限划分尚无统一标准，大多是宏观定性区分。

3. 滑坡的次生灾害

滑坡除了给途经地区造成严重的直接损失外，在一定的地形条件下还会造成一定的次生灾害。堰塞湖就是其中的一种，它是滑体在运动过程中遇到河谷堆积而成的一种现象，可以诱发一系列的灾害。滑体滑入水中首先造成涌浪灾害，接下来便是根据坝体本身稳定与否形成不同的灾害。

滚石灾害是近年来被人们逐渐认识的一种地质灾害，它是指滑坡体在变形或运动过程中从表面分离出来的各种块石在重力的作用下以一种或几种运动方式（主要包括下落、回弹、跳跃、滚动、滑动）向下运动的动态过程。它的发生同样给人们的生命财产安全造成重大的损失。

滑坡、崩塌与泥石流的关系也十分密切，易发生滑坡、崩塌的区域也易发生泥石流，只不过泥石流的暴发多了一项必不可少的水源条件。再者，崩塌和滑坡的物质经常是泥石流的重要固体物质来源。滑坡、崩塌还常常在运动过程中直接转化为泥石流，或者滑坡，崩塌发生一段时间后其堆积物在一定的水源条件下生成泥石流，即泥石流是滑坡和崩塌的次生灾害。泥石流与滑坡、崩塌有着许多相同的促发因素。

四、滑坡的预防和治理

随着经济的发展。人类越来越多的工程活动破坏自然坡体，因而近年来滑坡发生越来越频繁，并有愈演愈烈的趋势，应加以重视。

1. 滑坡的预防

滑坡是一种自然现象，破坏力极大，但并不是所有的滑坡都会产生灾害性的结果。在无人居住的山坡，滑坡造成的后果就不会很严重。滑坡防治的目的是预防和排除因滑坡发生或重新活动对滑坡体上及周围民房和公共建筑与设施的危害，分为预防与整治两个方面。

应对滑坡应以预防为主，在建设项目选址时应首先查明是否存在滑坡危险，对场址作出稳定性评价，尽量避开对场址有直接危害的大中型滑坡。以卫星或雷达遥感图像（RS）、全球定位系统（GPS）、地理信息系统（GIS）等为技术平台，充分利用 GIS 与 RS、GPS 相结合的技术优势，以多尺度遥感数据、基础地理信息数据和航片为基础资料，结合地质、地貌、坡角、植被等环境资料，通过遥感图像融合、多源信息结合、图像识别等方法建立区域地质灾害危险性评价系统，圈定重点滑坡危险区域。对于已有的城镇或交通线路，则通过预测滑坡可能带来的灾害程度，通过费用权衡决定是否实行城镇搬迁、线路改道，还是实施防滑工程。

在滑坡区内修建土木工程，设计时必须注意以下几点：

（1）尽可能少在滑坡前缘和滑坡体部分开挖或在滑坡体后部填土。如有必要，则必须首先验算滑坡体的稳定性，并修建必要的防治工程。

（2）由于开挖、填土而使地形有较大变化时，应注意排除地表水与地下水。

（3）修建道路或房屋时应注意斜坡上部是否有蓄水，如有应及时疏干。

（4）施工时和竣工后注意裂缝、隆起、陷落等异常现象，根据需要设置监视器，根据裂缝的开裂情况确定是否停工或转移。

（5）水库第一次蓄水或水位突然变化时要注意滑坡的可能。

2. 滑坡治理的原则

治理滑坡应该坚持以防为主、综合治理、及时处理的原则。

（1）综合治理，有主有次。滑坡往往有多种因素共同作用形成，因此需要采用综合方法治理。在综合整治规划中，首先要采用有效措施控制主要诱发因素的发展，然后针对各次要因素修筑各种辅助工程，使滑坡最终趋于稳定。

（2）及时治理，防患未然。滑坡有其发生发展的过程，在活动初期往往容易治理，但到滑坡成熟期治理工作就复杂困难得多，治理滑坡贵在及时。

（3）力求根治，以防后患。对于大型滑坡，治理工作需要有临时工程，前期工程和根治工程相互配合；对于小型滑坡则力求根治。

（4）因地制宜，就地取材。治理滑坡应根据滑坡的具体条件和该地区自然环境，因地制宜制定备选方案。同时应选择本地区现有材料设计抗滑工程，以尽量节省工程费用。

（5）正确施工，安全经济。治理工程应选择适当时间、位置和方向，工程量大小适宜，并保证安全。

3. 滑坡整治工程

（1）减滑工程。主要是改变滑坡的地形、土质、地下水等状态，使滑坡得以停止或缓和，包括排水工程及刷方减重等工程。

用降低坡高或放缓坡角改善边坡稳定性，削坡设计应尽量削减不稳定岩土体的高度，而阻滑部分岩土体不应削减。此法并不总是最经济和最有效的，在施工前要先作经济技术比较。

（2）抗滑工程。利用抗滑构筑物支挡滑坡运动的一部分或全部，使其附近及该地段的设施及民房等免受其害，包括抗滑挡土墙和抗滑桩等。主要用来制止小型滑坡或大型滑坡的一部分，或改变滑坡方向。

常用方法有修筑挡土墙、护墙等支挡不稳定岩体；钢筋混凝土抗滑桩或钢筋桩作为阻滑支撑工程；预应力锚杆或锚索，适用于加固有裂隙或软弱结构面的岩质边坡；固结灌浆或电化学加固法加强边坡岩体或土体强度；边坡柔性防护技术等。

（3）消除和减轻地表水和地下水的危害。滑坡的发生常和水的作用有密切关系，消除和减轻水对边坡的危害尤其重要，目的是降低孔隙水压力和动水压力，防止岩土体的软化及溶蚀分解，消除或减小水的冲刷和浪击作用。具体做法有：为防止外围地表水进入滑坡区，可在滑坡边界修截水沟；在滑坡区内可在坡面修筑排水沟；在覆盖层上可用浆砌片石或人造植被铺盖以防止地表水下渗；对于岩质边坡还可用喷混凝土护面或挂钢筋网喷混凝土。排除地下水的措施很多，应根据边坡的地质结构特征和水文地质条件选择，常用方法有水平钻孔疏干、垂直孔排水、竖井抽水、隧洞疏于、支撑盲沟。

第三章

泥石流

第一节 泥石流的基本知识与危害

一、泥石流的基本知识

1. 泥石流的形成与特性

泥石流是山区沟谷由暴雨、冰雪融水等水源激发，含有大量泥沙、石块的特殊洪流。泥石流主要由沟谷坡面土石与水混合流体爆发下泄造成，多以单沟成灾，也有汇合小流域成灾的，后者规模较大，危害较重。坡度过小则不易形成强大的冲击力。若断裂带宽且延伸长，沿断裂带上灾害易发育。泥石流中固体物质体积含量一般超过15%，最多可达70%～80%，为碎屑与水组成的高容重两相混合流体。泥石流具有爆发突然、历史短暂、冲击力大等特点，浑浊流体沿着陡峻山沟前推后拥，奔腾咆哮而下，地面为之震动，山谷犹如雷鸣，在很短时间内将大量泥沙、石块冲出沟外，在宽阔的堆积区横冲直撞、漫流堆积，常常给人类生命财产造成重大危害。

2. 泥石流沟的结构与识别

典型泥石流沟通常中游沟身长不对称，参差不齐；沟槽中构成跌水；形成多级阶地。公路泥石流是指发育于公路沿线并对公路桥涵、路基路面及相应防护结构具有冲击毁损和淤埋破坏的灾害类型，包括桥台水毁、上部结构毁损、桥涵基础掏蚀、桥涵淤埋、道路毁损等。

典型的泥石流一般由以下三部分组成（图3－1）：

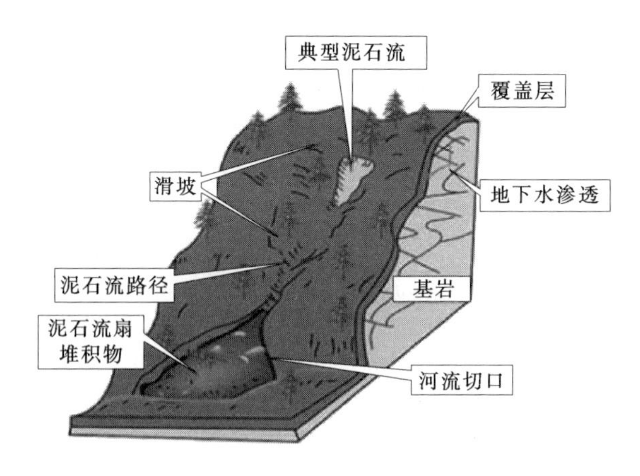

图3－1 典型泥石流示意图

（1）形成区。大多为高山环抱的扇状山间凹地，植被不良，岩土体疏松，滑坡、崩塌发育。

（2）流通区。位于沟谷中游地段，往往呈峡谷地形，纵坡大，长度一般较形成区短。

（3）堆积区。位于沟谷出口处，地形开阔，纵坡平缓，流速骤减，形成大小扇形，锥形及高低不平的垄岗地形。

3. 泥石流的分类

（1）按照物质成分分类。可分为三类：①由大量黏性土和粒径不等的砂粒、石块组成的土石流；②以黏性土为主，含少量黏粒和石块，黏度大，呈稠泥状的泥石流；③由水和大小不等的砂粒、石块组成的水石流。

（2）按照物质状态分类。可分为两类：①黏性泥石流，为大量黏性土的泥石流或泥流，其特征是黏性大，固体物质含量为 40% ~60%，最高 80%。其中的水不是搬运介质，属组成物质，稠度大，石块呈悬浮状态，暴发突然，持续时间亦短，破坏力大；②稀性泥石流，以水为主要成分，黏性土含量少，固体物质含量为 10% ~40%，有很大分散性，水为搬运介质，石块以滚动或跃移方式前进，具有强烈下切作用，堆积物在堆积区呈扇状散流，停积后似石海。

以上是我国最常见的两种分类方法。除此之外还有多种分类方法。例如，根据泥石流形成的诱发原因，可分为冰川型泥石流、暴雨型泥石流、融雪型泥石流、暴雨—融雪型泥石流、地震型泥石流、火山喷发型泥石流；按照泥石流的成因，可分为水川型泥石流和降雨型泥石流；根据地貌形态，可分为河谷型泥石流和山坡型泥石流等。

二、泥石流危害

1. 泥石流的危害对象

泥石流常常具有爆发突然，来势凶猛和迅速的特点，并兼有崩塌、滑坡和洪水破坏的双重作用，危害程度比单一的崩塌、滑坡和洪水更为广泛和严重，具体表现在如下四个方面：

（1）对居民点的危害。常冲进村镇，摧毁房屋、工厂、企事业单位及其他设施，淹没人畜、毁坏土地，甚至造成村毁人亡。如 2009 年 8 月 8 日，莫拉克台风袭击台湾，带来破纪录的特大暴雨，暴雨引发多处泥石流灾难，灾情惨重，甚至超过了 1999 年的“9・21”大地震。其中高雄县甲仙小林村死亡人数达 318 人，占全台湾死亡人数的 69%。特大泥石流导致小林村整个后山崩塌，近 200 户人家只有一户没被埋住。

（2）对公路、铁路的危害。泥石流可直接埋没车站、铁路、公路，摧毁路基、桥涵等设施，致使交通中断，还可使正在运行的火车、汽车颠覆，造成重大人员伤亡事故。有时泥石流汇入河道后引起河道堵塞或大幅度变迁，间接毁坏公路、铁路及其他构筑物，甚至迫使道路改线，造成巨大经济损失。

（3）对水利水电工程的危害。主要是冲毁水电站、引水渠道及过沟建筑物，淤埋水电站尾水渠，并淤积水库、磨蚀坝面等。

（4）对矿山的危害。主要是摧毁矿山及其设施，淤埋矿山坑道，伤害矿山人员，造成停工停产，甚至矿山报废。

2. *泥石流的危害方式*

（1）直接危害。表现为淤埋、堵塞和冲击。

1）淤埋和堵塞。泥石流冲出沟后，由于地形开阔，地势平缓，使泥石流的动能减小，冲击物在沟前堆积，发生淤埋和堵塞。

2）冲击。一种情况是泥石流流体直接冲击原有构筑物，当冲击力大于构筑物的承受力时，可将构筑物冲毁。尤其是泥石流体淹没构筑物时，使构筑物的某些部分受到泥石流浮托力的作用处于悬浮状态，自重减轻，最易被冲毁。另一种情况是泥石流体内个别巨大孤石作用于建筑物的某一部分，当撞击力大于建筑物的承受力时，建筑物就会被毁坏。

（2）间接危害。表现为次生灾害和影响生产活动。

1）引发其他地质灾害或加大其他地段的泥石流。大规模泥石流爆发后，冲击物可将防洪沟淤埋，导致流水改道，使防洪沟的作用消失，水流四处乱流，可以引发滑坡等其他地质灾害或加大其他地段的泥石流规模。

2）减缓生产。泥石流的发生能够淤埋道路，堵塞交通，泥石流的冲击力也可以冲毁道路和桥梁，使交通中断，为恢复交通需要时间和必要的物力和人力，这就意味着减少生产的时间及所需要的物力和人力。泥石流的冲淤特性还可以冲毁运输汽车和挖掘机械，淤埋汽车或采剥面，使生产由于缺乏运输设备或挖掘机械或采剥工作面而减缓。

第二节　泥石流的形成与时空分布

一、泥石流的形成条件

（一）泥石流的形成条件

泥石流的形成必须同时具备三个条件：便于集水集物的陡峻地形地貌；丰富的松散物质；短时间内有大量水源。

丰富的松散固体物质和陡峻的地形是泥石流形成的内在因素，一定强度的降雨是激发泥石流的外在动力因素。陡峻的地形和降雨均属自然因素，而丰富的松散固体物质除与地质、气候等自然因素有关外，还与人类活动有密切关系。

1. 地形地貌

地形地貌主要指泥石流沟的沟床比降、沟坡坡度、坡向、集水区面积和沟谷形态等，它制约着泥石流的形成与运动，使泥石流具有不同的规律和特性。一般来说，沟床比降越大越有利于泥石流的发生，能为泥石流提供最有利的能量条件。

在地貌上，上游形成区的地形多为三面环山、一面出口的瓢状或漏斗状，形成比较开阔，周围山高坡陡，山体破碎，植被生长不良，这样的地形有利于水和碎屑物质的集中；中游流通区的地形多为狭窄陡深的峡谷，谷床纵波降大，使泥石流能速猛直泻；下游堆积区的地形为开阔平坦的山前平原或河谷阶地，使得堆积物有堆积场所。

流域面积在泥石流形成中主要起到汇集水流和固体物质的作用，泥石流多形成于集水面积较小的沟谷，大多数泥石流发生于集水区面积0.5～10平方千米的沟谷漏斗状和勺状集水区易于水流快速汇集，形成满足泥石流启动的水动力条件，是典型的泥石流集水区形态。

泥石流沟在地形上具备山高沟深、地形陡峻、沟床纵度降大、流域形状便于水流汇集的特点。

2. 松散物质来源

泥石流常发生于地质构造复杂、断裂褶皱发育、新构造活动强烈、地震烈度较高的地区。地表岩石破碎，崩塌、错落、滑坡等不良地质现象发育，为泥石流的形成提供了丰富的固体物质来源。另外，岩层结构松散、软弱、易于风化、节理发育或软硬相同成层的地区易受破坏，为泥石流提供丰富的碎屑物来源。一些人类工程活动，如滥伐森林造成水土流失，开山采矿、采石弃渣等，也为泥石流提供了大量物质来源。

3. 水源

水源主要包括降水、地下水、溃决洪水和冰雪融水，是泥石流的主要激发因素。与地质和地貌相比，大气降水是随时变化和可预测的。因此，研究大气降水与泥石流的关系对于预防泥石流灾害十分重要。水既是泥石流的重要组成部分，又是泥石流的激发条件和搬运介质或动力来源。泥石流的水源有暴雨、冰雪融水和水库溃决水体等形式。

我国泥石流的水源主要是暴雨或长时间的连续降雨。初步估计约60%的滑坡和80%的泥石流由降水引起。局部性短历时暴雨是泥石流的主要激发因素，在高寒地区，冰雪融水成为泥石流、滑坡形成的重要水源。

水库和河道水位的变化也可以影响到岸坡地下水位的波动，地下水位的这种变化时滑坡形成的诱发因素。由于水库运行调度使得地下水位升降而诱发的库岸滑坡、崩塌等就是地下水位影响滑坡的典型例子。

溃决洪水主要有泥石流、滑坡堵塞河道的堰塞堤溃决和冰湖的冰碛堤溃决。溃决洪水在瞬间以巨大的动能冲刷沟床和两岸坡脚，导致沿程斜坡失稳而产生滑坡崩塌，固体物质和水流在河床中混合形成巨大的泥石流或水石流，造成大范围灾害。

（二）泥石流的人为诱发因素

1. 不合理的开挖

不合理的开挖包括修建铁路、公路、水渠以及其他工程建筑的不合理开挖。有些泥石流就是由于修建公路、水渠、铁路以及其他建筑活动破坏了山坡表面而形成的。道路修建时坡脚开挖会破坏山坡的稳定性，引起滑坡和崩塌，进而破坏道路设施，影响交通安全。如南昆铁路修建八渡车站时，由于对后方坡脚开挖引发了古滑坡复活，威胁铁路和车站安全，仅滑坡治理费用就高达9100多万元。香港多年来修建了许多大型工程和地面建筑，几乎每个工程都要劈山填海或填方才能获得合适的建筑场地。

2. 弃土、弃渣、采石

不合理的弃土、弃渣、采石、矿山建设和开采对森林植被的破坏，导致环境退化，引起泥石流、滑坡的发生。如云南东川铜矿自清乾隆年间起炼钢，最盛时年产铜8000吨，消耗木炭8万吨，每年需砍伐近10平方千米的森林，到20世纪初，这里的森林已砍伐殆尽，原来优美的环境已变为侵蚀最为剧烈，泥石流、滑坡最为严重的区域。矿山排土场如处理不当，往往在暴雨中直接产生滑坡和泥石流。

3. 滥伐乱垦

滥伐乱垦使植被消失，山坡失去保护，土体疏松，冲沟发育，大大加重了水土流失，进而山坡的稳定性被破坏，很容易产生泥石流，粗放采伐方法下的串坡集材道往往发育成坡面泥石流。如云南会理林场自20世纪60年代开始采伐，20年中将10平方千米范围内的林木采伐殆尽后，又在采伐地进行农业耕作，1981年山洪泥石流爆发，使当地农田等遭受严重损失。甘肃省白龙江中游现已是我国著名的泥石流多发区。而在1000多年前，那里竹树茂密、山清水秀，后因多年前伐木烧炭，烧山开荒，森林被破坏，才造成泥石流泛滥。当地群众说："山上开亩荒，山下冲个光。"

二、泥石流的时空分布

1. 泥石流的时间分布

泥石流发生的时间具有如下规律。

（1）季节性。泥石流暴发主要受连续降雨、暴雨，尤其是特大暴雨集中降雨的激发。泥石流的发生一般是在一次降雨的高峰期或在连续降雨之后。因此，泥石流发生时间与集中降雨时间一致，具有明显的季节性，一般发生在多雨的夏秋季节。因集中降雨的时间差异而有所不同，四川、云南等西南地区的降雨多集中在6~9月，泥石流也多发生在6~9月；西北地区降雨多集中在6~8月，尤其是7月和8月，暴雨强度大，泥石流多发生在7月和8月，据不完全统计，7月和8月发生的泥石流约占该地区全部泥石流灾害的90%以上。

（2）周期性。泥石流的活动周期与暴雨、洪水、地震的活动周期大体一致。当暴雨、洪水的活动周期相叠加时，常形成泥石流活动的高潮。如云南省东川地区1966年是近十几年的强震期，泥石流发展加剧，仅东川铁路1970~1981年的11年中就发生泥石流灾害250余次。

2. 泥石流的空间分布

中国泥石流的分布明显受地形、地质和降水条件的控制。特别是在地形条件上表现得更为明显。

暴雨泥石流是我国中部和东部主要的地质灾害，在半湿润半干旱地区的气候过渡带山地环境中普遍产生暴雨泥石流，主要分布于川西、滇西北和陇南山区。这些地区干旱季节的南坪、波川、理县等地，每遇大雨，尤其是0.5~1小时的短历时强降雨，就有小至中型的灾害型泥石流发生。与冰川泥石流相比，暴雨泥石流暴发的年频率要高得多，除念青唐古拉山以外，一般的冰川泥石流几年、十几年暴发一次，而暴雨泥石流分布区每年可有数次暴发。泥石流是我国西部和过渡地带除干旱以外最严重的自然灾害。

在各大型构造带中，高频率泥石流又往往集中在板岩、片岩、片麻岩、混合花岗岩、千枚岩等变质岩系及泥岩、页岩、泥灰岩、煤系等软弱岩系和第四系堆积物分布区。

泥石流分布还与大气降水、冰雪融化的显著特征密切相关。高频率泥石流主要分布在气候干湿季较明显、较暖湿、局部暴雨强大、冰雪融化快的地区，如云南四川、甘肃、西藏等。低频率的稀性泥石流主要分布在东北和南方地区。

第三节 泥石流的防治措施

一、泥石流防治的生物措施

防治泥石流的生物措施主要是恢复与营建植被。

植被有可以固土保水、调节径流、保护生态等综合效益。生物措施包括恢复或培育植被、合理耕牧、维持较优化的生态平衡，这些措施可以使流域面得到保护、免遭冲刷，以控制泥石流发生。

植被包括草被和森林两种，可调节径流，延滞洪水，削弱山洪的动力，保护山坡，抑制剥蚀、侵蚀和风蚀，减缓岩石的风化速度，控制固体物质的供给。多数地区以造林为主。在流域内，特别是中上游，要加强封山育林，严禁毁林开荒。土层薄的阳坡如造林成活率低，可栽植灌木。要注意造林方法和选择树种。树苗成活后要严格管理，严防森林火灾，及时防治森林病虫害。

不适宜植树的半干旱偏旱地区则以种草为主。陡坡要退耕还林，缓坡应实行等高耕种。泥石流沟要绝对禁止耕作。南方不稳定山体上的水田应改为旱作，北方在地质不稳定的坡面上要严禁修筑水渠。

二、减轻或避防泥石流的工程措施

大多数泥石流沟的生态环境极度恶化，单纯采用生物措施难以见效，必须与工程措施相结合方能取得较好的治理效果。

1. 针对泥石流沟的防治工程措施

针对泥石流沟的防治工程措施可概括为“稳、拦、排”。“稳”是指在主沟上游及支沟上建谷坊坝，防止沟道下切，以稳定沟岸，减少固体物质的来源，控制泥石流的形成条件。“拦”是指在主沟的中游建泥石流拦沙坝，以拦截泥石流体中的大颗粒泥沙，削减泥石流的规模。堆积在拦沙坝上游的泥沙还可以反压坡脚，起到稳定岸坡的作用。“排”是指在沟道下游或堆积扇上建泥石流排导槽，将泥石流排泄到指定地点，防止被保护对象受泥石流的袭击。

不同山区的泥石流发生特点与规模不同，可根据情况采取其中一种或多种措施综合运用。工程措施虽然见效快，但投资较大，并具有一定的运行限制，通常只在重点地段实施。

2. 流域调蓄和储淤工程

对于一个较大地区，还要考虑在整个流域实施蓄水和引水工程，包括洪水库、节水沟和引水渠等。其作用是拦截部分或大部分洪水，削减洪峰，以控制爆发泥石流的水动力条件。

另外还有储淤工程，包括拦淤库和储淤场。前者设置于流通区内，修筑拦挡坝，形成泥石流库；后者一般设置于堆积区的后缘，工程通常由导流坝、拦淤堤和溢流堤堰组成。储淤工程的主要作用是在一定期限内一定程度上使泥石流固体物质在指定地段停淤，从而削减下泄的固体物质总量及洪峰流量。

3. 交通干线的泥石流防治工程

根据地形地势不同，交通干线的泥石流防治要采取不同的工程方案。

（1）跨越工程。指修建桥梁和涵洞从泥石流沟上方跨越通过，让泥石流在其下方排泄，以避防泥石流。

（2）穿过工程。指修隧道、明硐和渡槽要从泥石流沟下方通过，让泥石流从其上方排泄。

（3）防护工程。指对泥石流地区的桥梁、隧道、路基及泥石流集中的山区变迁型河流的沿河线路或其他重要工程设施作一定的防护建筑物，用以抵御或消除泥石流对主体建筑物的冲刷、冲击、侧蚀和淤埋等的危害。防护工程主要有护坡、挡墙、顺坝和丁坝等。

（4）排导工程。其作用是改善泥石流流势，增大桥梁等建筑物的泄洪能力，使泥石流按设计意图顺利排泄。排导工程包括导流堤、急流槽、束流堤等。泥石流出山所携带的砂石迅速淤积，沟槽频繁改道，给附近的农田、居民区及交通干线带来严重危害。导流堤用来保护可能受泥石流威胁的区域或建筑物。排洪道可使泥石流顺畅排泄，避免淤积。

（5）拦挡工程。用以控制泥石流的固体物质和雨洪径流，削弱泥石流的流量、下泄总量和能量，以减少泥石流对下游工程的冲刷、撞击和淤埋等危害。在泥石流通过的主沟内修筑各种坝，高度一般为 5 米，可以是单坝，也可以是群坝。拦挡坝可以拦蓄泥沙石块等固体物，减少其破坏作用；还可以固定泥石流沟床，平缓纵坡，减少泥石流的流速，防止沟床下切和谷坡坍塌。拦挡措施有拦渣坝、储淤场、支挡工程（支挡工程有挡土墙、护坡等）。在形成区内崩塌、滑坡严重地段，可在坡脚处修建挡墙和护坡以稳定斜坡。此外，当某地段山体不稳定，树木难以“定居”时，应先辅以支挡建筑物以稳定山体，生物措施才能奏效。

三、农田防治泥石流措施

农田泥石流的防治，一方面是对农田和农业设施的保护，重点是对中下游沟谷和已开发泥石流堆积扇采取防护措施；另一方面是合理利用土地，防止泥石流的发生或努力减小泥石流发生的规模，重点是在上中游坡地和沟谷的水土保持。

农田泥石流的发生面大且分散，一般不直接危害人身和设施，防治措施以生物措施为主，防治标准较低。一般以民办工程为主，由当地政府制定防治规划，动员组织当地农民实施，贫困地区或重点防治地段采取民办公助，资金由地方政府、有关部门或企业资助及群众自筹相结合。

农田泥石流的防治要注意兴利除害相结合，通过治理可以把泥石流扇开垦为耕地，或利用泥石流物质於地造田，疏导泥石流物质，变害为利。

第四章

地面塌陷、沉降与裂缝

第一节　地　面　塌　陷

一、地面塌陷及其危害

1. 地面塌陷

地面塌陷指地表岩石和土体在自然或人为因素作用下向下陷落，并在地面形成塌陷坑洞的一种地质现象。坑洞大多呈圆形，直径几米到几十米，个别巨大的直径可达百米以上。深的达数十米，浅的只有几厘米到十几厘米。

2. 塌陷的原因

地震、地下工程、晚期溶洞、采矿、过量抽取地下水等都有可能造成地面塌陷。持续干旱之后突然发生的强降水也往往能造成局部地面的塌陷。

不合理的人类活动可以导致地面塌陷，常见的有以下几种情况（图4－1）。

（1）矿山采空。一些地方小矿违反安全操作规程未进行加固就乱采滥挖，下层采空之后，上方岩石和土体失去支撑，导致塌陷，规模稍大的甚至

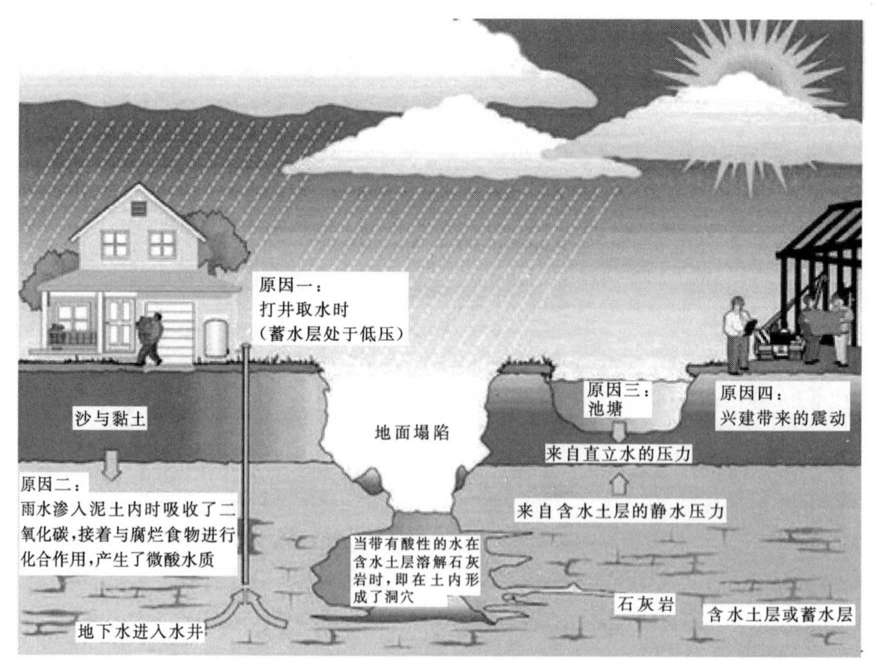

图4－1　地面塌陷原因示意图

形成一场小地震。如山西省的许多小煤矿被私人承包后短期行为盛行，已多次发生塌陷和其他多种矿山事故，严重威胁着数百个村庄、数万亩农田和十多万人民的安全。

（2）地下工程排水疏干。矿坑、隧道、防空等地下工程施工排疏地下水时，如地下水位迅速下降，可导致面失去平衡而发生塌陷。

（3）过量抽取地下水。由于地下水位下降，地下水对岩石和土体的托浮力减小，土的有效重度增加，容易发生塌陷，尤其是在岩溶地区。

（4）人工重载。地下有隐性洞穴或土壤过于松散时，如地面有重物堆积或压过，可引起地面塌陷。

（5）人工震动。地下有空洞的土壤上方如发生爆炸或有载重车或大型机械震动，也能引起地面的塌陷。

3. 地面塌陷的类型

（1）按照成因分类。可分为自然塌陷和人为塌陷两大类。自然塌陷是自然因素引起的地表岩石或土体向下陷落，如地震、降雨下渗、地下潜水、蚀空、地面重物压力等。人为塌陷是因人为作用所引起，如地下采矿、坑道排水、施工突涌、过量开采地下水、水库蓄水压力、人工爆破等。

（2）按照地质条件分类。可分为岩溶地面塌陷和非岩溶地面塌陷。岩溶地面塌陷分布在存在地下岩溶现象的地区，隐患分布广，数量多，发生频率高，诱发因素多，具有较强的隐蔽性和突发性，一旦发生规模较大，危害严重。非岩溶地面塌陷根据岩土体性质又可分为黄土塌陷、熔岩塌陷、冻融塌陷等类型，除黄土塌陷外规模都较小，危害较轻。

（3）岩溶塌陷。在石灰岩、白云岩等碳酸盐岩地区，由于岩溶作用在地下形成许多隐伏的溶洞、溶隙和管道，当地下的空洞或空隙足够多或足够大时，石面上方岩石或土体的自重、地震、地下水位变化或人为活动等原因，有可能发生突然的塌陷。我国西南岩溶地区降水较多，气温又高，岩溶普遍发育强烈，地面塌陷较多且规模较大，在广西和重庆等地发生了一些特大型塌陷，甚至形成了广度和深度逾千米、蔚为奇观的“天坑”。

目前，我国已有 23 个省（自治区、直辖市）发生岩溶塌陷约 1400 例，陷坑超过 4 万个。以西南岩溶地区，尤其是广西最为突出。岩溶塌陷的可预测性低，预防的难度较大，在工程施工中应尽可能避开。

（4）矿山塌陷。矿山开发形成地下采空区，或在矿井坑道排水疏干，或大量抽取地下水，都有可能使采空区的地面失去支撑或支撑力不够，在重力作用下发生塌陷。采空塌陷的面积一般都在几百平方米以上，最大可达到长 2000 米，宽 1000 米，深 12 米。近 10 多年来，一些私人承包的小煤矿乱采滥挖严重，缺乏必要的安全设施和规划设计，全国已有 80 多个矿山发生采空塌陷，总面积达1500平方千米。产煤大省山西的各类矿山采空区面积达2万多平方千米，采空塌陷每年造成的直接经济损失3.17亿元。目前，山西省已决定将所有的小煤矿改制归并到大型公司统一管理，未来我国的矿山采空塌陷火害将能得到显著减轻。

4. 地面塌陷的危害

地面塌陷每年都有发生，给城乡人民和工农业生产带来巨大的损失。如2007年全国共发生地面塌陷578起，占当年全国地质灾害总数的2%。

（1）地面塌陷首先直接危害是人身安全。由于塌陷一般发生突然，处于塌陷区中的人在发生塌陷时往往来不及反应就已经被埋入土中被压伤或窒息。北京市在修建地铁10号线时就曾发生过工程塌方导致四位务工人员被埋压的事故。

（2）地面塌陷危害房屋建筑。地面塌陷对房屋建筑的危害很大，可造成塌陷地区房屋的大面积损坏，特别是岩溶地区和采空的煤矿附近。

（3）地面塌陷造成大面积农田毁坏。地面塌陷还造成大面积的农田毁坏。据推算，我国每年因煤矿开采塌陷的土地面积就有70平方千米，造成直接经济损失3.17亿元。如果在开采之前未能事先保存好表土，会因无处取土而无法复垦，导致耕地资源的永久性丧失。

（4）地面塌陷造成的其他危害。塌陷发生生后，地面污水会通过陷坑进入地下，从而污染地下水。地面塌陷还会对塌陷区内的交通设施、地下管线和其他建筑造成严重损坏。

二、地面塌陷的防治

1. 可能塌陷危险区的分布

以下地段容易发生塌陷，各类工程应避开这些地段：

（1）岩溶侵蚀强烈的石灰岩、白云岩等碳酸盐岩地带或与其交接地带。

（2）岩溶地区的断裂带或主要裂隙交汇破碎带、岩层剧烈转折和破碎地带。

（3）松散盖层较薄且以砂土为主、底层缺乏黏性土壤或较薄地区。

（4）岩溶暗河、地下径流或主要岩溶管道经过地带。

（5）具有潜水和岩溶水双层含水层的分布地带。

（6）岩溶地下水排泄区。

（7）岩溶地下水位上下频繁波动区或受排水影响强烈的降落漏斗附近。

（8）河、湖、池塘、水库等地表水体的近岸地带。

（9）岩溶地下水埋藏较浅的低洼地带。

2. 地面塌陷的征兆

发现以下现象应立即采取避防措施并向当地政府报告：

（1）井、泉水突然干涸或翻沙浑浊，水位骤然降落。

（2）发生地面鼓胀、小型垮塌、环形裂缝、局部沉陷等变形。

（3）建筑物发生倾斜、开裂和发出响声。

（4）抽排地下水引起附近泉水突然干涸，或人工蓄水地下冒气泡或水面有涡旋。

（5）听到地下有土层垮落声或动物有惊恐表现。

3. 发生地面塌陷时的应急措施

（1）发现有塌陷危险时应迅速转移在场人员和重要物资。

（2）发生塌陷后，对靠近建筑物的陷坑要及时填堵，以避免影响建筑物的稳定性。方法是先投入片石，再依次铺卵石、砂子，然后用黏土将表层夯实。过些天下沉压密后再用黏土夯实补平。

（3）建筑物附近的裂缝要及时填塞，拦截地面径流，防止进入陷坑。

（4）陷坑附近已开裂的建筑物要停止使用，待进行危房鉴定之后再决定是加固使用还是废弃拆除。

4. 矿山采空塌陷的预防

（1）减少地表水的下渗。水是塌陷发生的触发因素之一。例如，北京市调查西山塌陷区，发现 50% 左右的塌陷发生在雨季；门头沟区门城镇采空区发生的数十起塌陷事件，90% 以上发生在居民的厨房，另外，不足 10% 则与地下输水管线渗漏有关。因此，首先，应注意雨季前疏通地表排水沟渠，雨季应提高警惕加强防范，发现异常情况及时躲避；其次，要加强地下输水管线的管理，发现问题及时解决。

（2）合理采矿。合理采矿，预留保护煤柱。制定合理科学的采矿方案，采矿单位应向地方规划部门提供采空区位置及有关资料，以便工程建设单位根据采空区位置进行勘察设计。采煤时在建筑物下应预留保护柱，按等级确定保护带的宽度。

（3）加强采空区的地质工程勘察工作。通过监测，对确定的重点塌陷危险区坚决采取搬迁措施。

（4）防治结合。防治结合，加强工程自身防护能力。在采空区进行工程建设时应尽可能绕避最危险处。不能绕避的塌陷区和采空，根据情况采取压力灌浆等工程措施对已坍塌地区填堵、夯实，条件许可时还可采取直梁、拱梁、伐板等方法跨越塌陷坑。应加强建筑物的整体刚度和整体性，加强工程本身的防护能力。

第二节　地　面　沉　降

一、地面沉降及其危害

1. 地面沉降

（1）地面沉降的概念与现状。地面沉降是在自然和人为因素作用下，由于地壳表层土体压缩导致的区域性地面标高降低现象。大约从20世纪初起，世界工业迅速发展，造成在大量开发利用地下水的工业城市和一些石油采区陆续发生地面沉降现象。我国自1921年在上海首先发现地面沉降以来，已有96个城市出现程度不同的沉降现象，其中存在较严重沉降的城市超过50个。到2004年，全国有近70个城市因不合理开采地下水诱发了地面沉降，沉降范围6.4万平方千米，沉降中心最大沉降量超过2米的有上海、天津、太原、西安、苏州、无锡、常州等城市。西安、大同、苏州、无锡、常州等市的地面沉降同时还伴有地裂缝，对城市基础设施构成严重威胁。其中苏州、无锡、常州地区因地面沉降造成的直接经济损失超过200亿元，间接损失近3500亿元。

（2）沉降地质类型。按照发生地面沉降的地质环境可分为三种沉降地质类型：

1）现代冲积平原型。如我国东部的几个大平原。

2）三角洲平原型。如长江三角洲的常州、无锡、苏州、嘉兴等城市。

3）断陷盆地型。又分为近海式和内陆式两类。近海式指滨海平原，如宁波；内陆式为湖冲积平原，如西安和大同。

2. 地面沉降的危害

（1）地面沉降的直接危害。地面沉降使地面高程累进性不断损失，沿海地区可发生海水入侵与倒灌，内陆地区可发生内涝。还可能发生堤坝下沉、河道淤积、桥涵孔径缩小，使防洪与运输能力下降，洪涝灾害加重。地面沉降还可以造成建筑物破坏，引发地裂缝，使地下管道断裂，损坏地下水井和地下管线。高程降低使村镇污水排泄困难，污染加重，环境恶化。地面沉降，特别是不均匀沉降，严重危及建筑物和市政设施的安全，造成水库大坝、河堤、楼舍等建筑物产生裂缝，甚至溃坝或倒塌。如位于西安市的唐代大雁塔因地面沉降已向北倾斜，西安、天津等城市已因地面沉降造成上下水管道和煤气管道断裂等现象。

（2）地面沉降的次生灾害。地面沉降对建筑物和地下管线的破坏可引起一系列次生灾害。如上海市自1921年以来市区累计沉降已达到2米，在

20世纪20年代到60年代初的40年中，由于地面沉降，黄浦公园验潮站水位上升了400~600毫米，使洪涝灾害加重。同时，市内许多井管上升、扭曲，甚至变形、断裂。高层建筑附近地面变形，人行道向马路倾斜。苏州河桥梁、仓库、码头随地面沉降而下沉，桥下净空高度减少，通航困难，仓库、码头无法使用，使内河航运受阻。

截至2005年，北京市累计沉降大于50毫米的面积已达4114平方千米，其中大于100毫米的有2815平方千米，最大沉降量达1086毫米。地面沉降对城市建筑、道路交通和地下管线均造成很大危害。

二、地面沉降的成因与过程

地面沉降通常发生在现代冲积平原、三角洲平原和断陷盆地，成灾面积大且难以治理。初始阶段因每年沉降速度以毫米计，不易被人们察觉，即使使用精密仪器也往往因量小而被忽略，等到大面积沉降趋势明朗化时已很难挽回。

1. 地面沉降的内因

松散岩类中的土体既不是弹性体，也不是绝对的塑性体。不论是含水层还是非含水层，土体受力后首先是空隙或孔隙被压缩，其后是固体颗粒之间的组合被破坏，两种变化均使土体压缩或压密，体积变小。土体的这种应变绝大部分是不可逆的，因此，深层地下水的过量开采所造成的地面沉降一般是不可恢复的。

可压缩土层包括含水砂层和含水层上覆或下伏的软土层。

（1）含水砂层。我国发生地面沉降的地区，深层地下含水层主要由中砂、细砂和粉细砂组成，很少有粗砂，尤其是滨海平原含水层颗粒较细，含水性能较差。在自然条件下，含水砂层空隙充满水，与周围岩层基本处于压力平衡状态。当含水砂层中的水被部分或全部抽取后，周围岩层的压力将高于含水砂层并挤压使其体积缩小。但大量实验证明，含水砂层在孔隙水被抽取后所产生的体积压缩很小，所产生的形变对地面的影响需要相当长时间且可以部分恢复。

（2）软土层。软土层主要指含水岩层上覆或下伏的黏性土，一般指淤泥质层具有吸水膨胀性和排水固结特性。在含水砂层的水被抽取后，在其影响范围内的软土层发生卸载并向含水层释水，发生排水固结现象。软土层的释水随时间不断增加，延续时间很长，有时需要几年甚至几十年，这就是深层地下水超采区停止开采后地面沉降仍将延续一段时间的原因。软土层的排水固结所发生的是永久性形变，不可恢复，是造成地面沉降的主要原因。

2. 地面沉降的外因

地质条件是发生沉降的基础，但诱发沉降主要是由于人类活动。大量开采地下水是地面沉降最常见的原因。开采地下矿产，在采空区上方也经常发生地面变形和下沉，特别是在地下水排疏之后。地面重物特别是高层建筑对地基施加的重力使土体发生变形并引起地面沉降。时间的荷载和振动作用下，也会引起缓慢的地面沉降。

地下水过量开采与地面沉降的关系可以归纳为以下几个方面：

（1）地面沉降与地下水开采时间的关系。以上海为例，随着地下水开采量的急剧增大，地面下沉量迅速增加。1962～1965 年上海市开始削减地下水开采量和进行回灌，地面沉降随之减轻。从年内开采时间看，上海市地下水开采主要用于工业冷却，以 5～8 月开采量大，地面沉降量也大；1～3 月用水少，地面沉降量亦小。

（2）地下水开采强度大的地区基本上与地面沉降中心区相吻合。

（3）沉降范围与地下水位漏斗范围基本一致。

（4）地面沉降量与地下水位的降幅相关。地下水开采量越大，水位降幅越大，影响范围也越大。

3. 地面沉降的主要过程

（1）地面沉降缓慢期。一般发生在深层承压水超采初期，超采量较小，承压水的水位缓慢下降，地面沉降量和沉降范围较小，沉降速度一般在 10 毫米/年以下，所引起的其他危害也不明显。

（2）地面沉降显著期。若地下水开采量继续扩大，承压水位下降速度加快，地面沉降速率明显增大，一般每年不到 30 毫米，沉降范围迅速扩大，负面效应突显。

（3）地面沉降急剧期。随着地下水累计超采量的增大，将出现地面沉降的急剧发展，沉降范围迅速扩大，沉降速率一般每年达到 30 毫米以上。沉降中心与边缘的沉降量相差较大，往往形成不均匀沉降。这个阶段地下水超采的负效应最强，危害最大。

（4）地面沉降延续期。地面沉降发展到一定阶段，引起社会和有关部门的注意，采取措施限制地下水的超采，并进行地下水的回灌。采取调控措施，削减地下水开采量，使深层承压水水位趋于稳定，水位回升，沉降速率明显变缓。目前，上海、天津和江苏省南部基本上处于该阶段。

三、地面沉降的控制

限制和减缓地下水开采量和雨季回灌地下水是控制大面积地面沉降最有效的措施。松软地质基础上的建设工程要努力保持荷载的相对均匀分布，避免失衡。高层建筑尽可能使用轻质建材，地基要加宽和夯实。

首先要做好水文勘察，弄清楚当地的地层与岩性结构，地下含水层的层数、厚度与分布，各含水层的承压、富水程度，地下水位以下是否存在易压缩岩土层。

根据水文地质条件确定抽水层和开采顺序，尽量使地下水开采量与补给量保持平衡。例如，北京市自20世纪80年代关闭城区大部分机井后，中心城区的地面沉降已得到基本控制；上海市从1965年起采取了压缩用水、人工回灌、调整含水层开采层次等综合治理措施，使市区沉降得到控制。1957～1961年平均每年沉降110毫米，1966～1987年减少到每年1.7毫米。过去沉降量最大的地区还出现了反弹，最大反弹量达38毫米。

第三节 地 裂 缝

一、地裂缝及其危害

1. 地裂缝

地裂缝是由于自然或人为因素引起的地面开裂现象，具有一定的长度、宽度和深度，可造成地面工程、地下工程、房屋和农田的损坏，给人民的生命财产造成损失。地裂缝往往伴随地面沉降或塌陷而产生，具有活动性。

2. 地裂缝的危害

地裂缝会严重破坏地面各种设施。例如，西安市在155平方千米范围内有等距离平行的北东东向地裂缝10条，穿越91个工厂、40所学校、60处公用设施、41处村寨及97个其他单位，破坏道路6060处、围墙427处、楼房132幢，其中20幢全部或部分被迫拆除，1057间平房被毁，8处文物古迹受损。

地裂缝还导致地面水渗入裂缝，引起地基软化变形，局部不均匀沉降，影响地下工程施工，导致局部倒塌；引起自来水管、排污水管、电缆、光缆、燃气管道的破裂、爆裂或裸露，带来一系列的次生灾害。

二、地裂缝的成因与类型

1. 地裂缝的成因

（1）过量开采地下水引起地面沉降或塌陷，会导致部分地面土层开裂，产生环形地裂缝。过量开采地下水还会引起软土胀缩活动加剧而产生地裂缝。

（2）地下采矿形成采空区，上覆岩土体失去支撑发生下陷也会引起地裂缝。

(3) 地表雨水下渗对松软土层的潜蚀和冲刷可加速土层中钙质溶解和细小颗粒物质的流失，如陕西与河北的许多地裂缝就发生在农田灌溉之后。人工蓄水、排水也可造成土体中地下水道潜蚀和冲刷，进而产生裂缝。

2. 地裂缝的分类

地裂缝的成因有多种，按照地裂缝的成因常分为以下几种类型：

(1) 地震裂缝。各种地震引起地面的强烈震动，均可产生地裂缝（图4-2）。如汶川地震曾形成长300余千米的地震破裂带，使山坡和农田开裂，建筑物与公路被拉裂，各种设施毁坏严重。

(2) 基底断裂活动裂缝。由于基底断裂长期蠕动使岩体或土层逐渐开裂并显露于地表。

(3) 隐伏裂隙开启裂缝。发育隐伏裂隙的土体，在地表水或地下水的冲刷、潜蚀作用下，裂隙中物质被水带走，裂隙向上开启贯通而成。

图4-2 地震造成的裂缝

(4) 松散土体潜蚀裂缝。由于地表水或地下水的冲刷、潜蚀、软化和液化作用，松散土体中部分颗粒随水流失，土体开裂而成。

(5) 黄土湿陷裂缝。因黄土地层受地表水或地下水的浸湿，产生沉陷而成，主要出现在黄土高原。

(6) 胀缩裂缝。由于气候的干湿变化使膨胀土或淤泥质软土产生胀缩变形发展而成。

(7) 地面沉陷裂缝。因各类地面塌陷或过量开采地下水、矿山地下采空引起地面沉降过程中的岩土体开裂而成。

(8) 滑坡裂缝。由于斜坡滑动造成地表开裂。

按照地裂缝大小分为三个等级，见表4-1。

表4-1　　地裂缝的大小分级

地裂缝等级	累计长度（米）	影响范围（平方千米）
小规模地裂缝	100	<0.5
中规模地裂缝	100~1000	0.5~5.0
大规模地裂缝	1000以上	>5.0

三、地裂缝的防御

（1）构造地裂缝的防御。构造裂缝的变形量大，采用工程治理的成本过高，甚至不可能治理，应采取避让对策。工程勘察时首先应确定该地裂缝的安全距离，在设计过程中应使建筑物或地面设施保持在安全距离之外。

（2）非构造地裂缝的预防。非构造地裂缝一般与超量开采地下水、岩溶塌陷或矿山塌陷相伴随，主要防治措施是限制对地下水的开采量。对已有地裂缝进行回填和夯实，如有可能从附近取客土填充或在一定范围内换土，改善地裂缝区的土体物质性质；改进地裂缝区中建筑物的基础，提高建筑物的整体性和稳定性；对处于地裂缝区的现有建筑物进行加固处理；在规模较大和危险性较强的地裂缝周围设置警戒线，制止车辆和人员进入或通过。

据西安市调查，70% ~90% 的地裂缝是由于抽取地下水引起的。过去城市供水完全靠抽取地下水，后来改为从黑河引水，全部停止对市区地下水的开采，使地面沉降与地裂缝活动得到了有效控制。对穿越地裂缝的地下管线，改用抗变形能力强的铁管或钢管，在接头处采用柔性橡皮接头，对穿越地裂缝的桥梁和铁路也采取了特殊加固措施，提高了建筑设计标准。

第二部分

地质灾害预防应急管理

第五章

地质灾害防治规划

地质灾害防治规划是防治地质灾害的基础性工作和重要依据。科学规划对主动有效地开展地质灾害防治工作，避免和减轻地质灾害给人民生命和财产造成的损失，具有十分重要的作用。因此，有必要规定地质灾害防治规划编制和审批的基本规则。

本章主要介绍灾害调查制度、地质灾害防治规划的编制程序和审批权限、地质灾害防治规划的编制原则、地质灾害防治规划的内容、地质灾害防治规划的地位及与其他规划的衔接等。

第一节　地质灾害调查制度与防治规划编制制度

一、地质灾害调查制度

1. 地质灾害调查的主体

由于地质灾害调查是一项范围广、涉及部门多的公益性工作，为了保障地质灾害调查的科学性，必须发挥各有关部门的作用。因此，国务院《地质灾害防治条例》明确规定国务院国土资源主管部门会同国务院建设、水利、铁路、交通等部门结合地质环境状况组织开展全国的地质灾害调查。县级以上地方人民政府国土资源主管部门会同同级建设、水利、交通等部门结合地质环境状况组织开展本行政区域的地质灾害调查。这表明，国土资源主管部门和建设、水利、铁路、交通等部门是地质灾害调查的主体。

2. 地质灾害调查原则

由于崩塌、滑坡、泥石流等，只有对人民生命和财产安全造成危害和潜在威胁的，才能称之为地质灾害，因此，地质灾害调查不同于一般的地质矿产调查，不一定必须按一定的比例尺进行，而应当根据人口分布、居住状况和社会经济活动来开展工作。

3. 地质灾害调查的工作内容

地质灾害调查是为了解地质灾害基本状况、分布规律和发展趋势而进行的工作。主要工作内容包括调查地质灾害的位置、类型、规模、环境地质条件和发展趋势、影响范围、可能造成的人员伤亡和经济损失，在此基础上，提出防治工作建议等。地质灾害调查是制定地质灾害防治规划、建立地质灾害信息系统、划定地质灾害易发区和危险区、编制年度地质灾害防治方案、进行地质灾害监测和预报、组织治理地质灾害所必不可少的前期基础性工作，对地质灾害防治管理具有十分重要的作用。

4. 地质灾害调查种类

按照地质灾害调查的性质，地质灾害调查可分为基础调查和应急调查。

（1）基础调查。基础调查是区域性的常规性调查。

（2）应急调查。应急调查是针对将要发生和业已发生灾害点的专门调查，其目的是针对一个具体灾害点查明其发生的原因、提出具体避让和防治措施。

5. 地质灾害调查的分级

地质灾害调查分为四级进行，国务院国土资源主管部门组织开展特大型地质灾害的应急调查和区域性的地质灾害基础调查，负责制定地质灾害调查技术要求；省（自治区、直辖市）、市（地、州）、县国土资源主管部门组织开展大、中、小型地质灾害的应急调查和本省（自治区、直辖市）、市（地、州）、县行政区域内的地质灾害基础调查。

二、地质灾害防治规划编制制度

地质灾害防治规划是防治地质灾害的基础性工作和重要依据。科学规划对主动有效地开展地质灾害防治工作，避免和减轻地质灾害给人民生命和财产造成的损失，具有十分重要的作用。

1. 地质灾害防治规划编制的主体

地质灾害防治规划编制的主体是各级国土资源主管部门和建设、水利、交通等部门。根据国务院《关于印发国土资源部职能配置内设机构和人员编制规定的通知》（国办发〔1998〕47号）第二条的规定，国土资源部的主要职责是“组织编制和实施国土规划，土地利用总体规划和其他专项规划……组织编制矿产资源和海洋资源保护和合理利用规划、地质勘查规划地质灾害防治和地质遗迹保护规划”。因此，国土资源部是编制全国地质灾害防治规划的组织和协调部门。

2. 地质灾害防治规划编制的依据

地质灾害防治规划是根据目前地质灾害的现状和面临的形势提出未来一段时期内对地质灾害防灾减灾工作的部署及保障措施。地质灾害防治规划编制的依据是地质环境和地质灾害调查的结果，但要综合考虑国民经济和社会发展计划、生态保护规划、减灾防灾规划的内容等。

另外，地方规划编制的依据是本行政区域的地质环境和地质灾害调查结果和上一级地质灾害防治规划，因此，必须做好同级规划的衔接和上下级规划的衔接，要做到不同级别的规划解决问题的重点不同。

3. 地质灾害防治规划的编制程序

国土资源部必须会同铁道、水利、交通、建设等部门依据全国地质灾害基础调查的结果编制全国地质灾害防治规划，并在规划编制完成后，组织有关专家对规划提出的目标、原则、工作部署和工作内容、经费估算进行论证。只有在专家认为其目标可实现、原则正确、工作内容和部署可行、经费合理时，才能报国务院批准发布。

省（自治区、直辖市）、市（地、州）、县级地质灾害防治规划由同级地方人民政府国土资源主管部门会同同级建设、水利、交通等部门编制。地方规划的批准程序类同全国规划，即先组织专家论证，然后由同级人民政府批准公布，同时，报上一级人民政府国土资源主管部门备案。

4. 地质灾害防治规划的修改规定

由于科学技术和经济社会的发展以及地质环境状况的不断变化，地质灾害基础调查工作需要不断更新，地质灾害防治规划也需要适时修改，为了确保规划修改的严肃性，国务院《地质灾害防治条例》明确规定修改规划必须经原批准规划的机关批准，任何单位和个人不得随意修改规划。

第二节　地质灾害防治规划的编制

一、地质灾害防治规划编制的主要内容

1. 地质灾害现状和发展趋势预测

地质灾害现状，狭义上讲是指通过地质灾害基础调查掌握的各类地质灾害的分布、规模、数量和影响，以及地质灾害威胁的对象等。广义上讲是指地质灾害防治各项工作总的概况，如全国和地方地质灾害防治法律、法规建设；行政管理机构体系；崩塌、滑坡、泥石流等灾害监测规范、地质灾害危险性评估制度、地质灾害防治工程勘查、设计、施工、监理等资质管理制度等。

地质灾害发展趋势预测是指根据经济社会的发展和自然环境因素的变化预测未来一段时期地质灾害的发展变化规律。

2. 地质灾害的防治原则和目标

（1）地质灾害的防治原则。是指根据我国社会经济发展水平和地质灾害现状提出的在规划期内指导地质灾害防治工作的基本准则。

由于我国灾害种类多、活动频繁、危害严重，而经济发展水平相对较低，因此，地质灾害防治的原则只能坚持预防为主，避让与治理相结合，全面规划和突出重点。同时，还强调地质灾害防治工作必须坚持按客观规律办事，从实际出发，因地制宜，讲求实效，发挥综合治理效益；坚持依法保护地质环境和治理地质灾害，依靠科技进步，建立法律法规保障体系和科技支

撑体系，使地质灾害防治法制化，治理工程的设计、施工科学化；坚持预防为主，加强监测预报和科普教育工作，提高全民减灾、防灾水平，建立群专结合的防灾体系等内容。

（2）地质灾害的防治目标。是指在一定期限内地质灾害防治工作所达到的目标。主要包括法律法规体系和行政管理体系建设、地质灾害调查、灾害区划和治理目标等。地质灾害防治目标应当分阶段实施。全国有总体目标，地方有地方目标，总的要求是提高预报成功率，避免经济损失减少人员伤亡，促进地质环境和经济建设的协调发展。

3. 地质灾害易发区、重点防治区

（1）地质灾害易发区。是指具备地质灾害发生的地质构造、地形地貌和气候条件，容易或者可能发生地质灾害的区域。地质灾害易发区必须经过地质灾害基础调查才能划定。易发区是一个相对的概念，并且可按照灾害种类划定，不同灾种其易发区范围不同。

（2）地质灾害重点防治区。是指根据地质灾害现状和需要保护的对象而提出的应当给予重点防护的区域。如人口集中居住的城市、集镇、村庄以及生命线工程和重要基础设施等都是应当给予重点防护的地质灾害重点防治区。

地质灾害的防治工作需要巨大的资金投入，其治理范围往往是与一个国家经济社会发展水平相联系的。考虑到我国目前的社会经济发展水平和各级财政的承担能力，国务院《地质灾害防治条例》明确规定县级以上人民政府应当将城镇、人口集中居住区、风景名胜区、大中型工矿企业所在地和交通干线、重点水利电力工程等基础设施作为地质灾害重点防治区中的防护重点。

4. 地质灾害防治项目

地质灾害防治项目是指为实现地质灾害防治目标而提出的主要工程和项目。地质灾害防治项目主要包括如下内容：

（1）地质灾害防治基础调查和科研项目。这类项目是地质灾害防治的基础工程，主要是查清不断变化的地质灾害的现状和开展科学研究，以科技进步解决地质灾害防治中的问题。

（2）搬迁避让工程。由于在广大农村地区地质灾害点多面广，而且突发性地质灾害分布较多的地区都是老、少、边、穷地区，灾害体规模相对较大，一些地区本来也不适合居住、生活、生产，对所有地质灾害进行工程治理既不可能也不经济，所以，应该把防治地质灾害与山区脱贫致富结合起来，有步骤地实施搬迁避让工程。

（3）地质灾害治理工程。根据灾害的规模和威胁的对象，对危害公共安全、自然因素引发的灾害要由财政出资，对人为活动引发的灾害也要进行经济技术论证，分清责任，实施治理工程。

（4）监测预警工程。对已发现的地质灾害隐患要实施监测预警工程，包括专业监测和群测群防，对其发展趋势进行预测预警预报。

5. 地质灾害防治措施

地质灾害防治措施是指为实现地质灾害防治规划预期目标而实施的措施。主要包括加强法制建设和行政管理工作、加强科普教育宣传工作、建立稳定的资金投入机制、坚持群专结合及采取综合防治的措施等。

二、地质灾害防治规划与其他规划的关系

1. 地质灾害防治规划与城市总体规划的关系

为了充分体现以人为本的思想，做好城市的地质灾害防治工作，2001年《国务院办公厅转发国土资源部、建设部〈关于加强地质灾害防治工作意见的通知〉》（国办发〔2001〕35号）中明确规定："各地区、各有关部门在编制和实施城市规划过程中，要加强地质灾害防治工作。要将地质灾害防治规划作为城市总体规划必备的组成部分……对城市规划区内地质情况尚不清晰的，必须加强和补充建设用地地质灾害危险性评估。城市规划行政主管部门在审批建设时，必须充分考虑建设用地条件；凡没有进行建设用地地质灾害危险性评估或者未考虑建设用地条件而批准使用土地和建设的，要依法追究有关人员的责任。"根据上述规定，在总结近年实践经验的基础上，为了处理好城市总体规划和地质灾害防治规划的关系，《地质灾害防治条例》规定在编制城市总体规划、村庄和集镇规划时，应当将地质灾害防治规划作为其组成部分。

2. 地质灾害防治规划与重大工程规划的关系

随着我国社会经济的发展和人口的快速增长，地质灾害防治工作的任务更加艰巨。我国是个地质灾害多发的国家，加之以前一些公路、铁路、水利工程以及土地开发、采矿工程在规划过程中没有考虑地质灾害防治，使建成后维护费用很高，有的还造成人员伤亡和严重的经济损失。为了从源头上解决和避免这个问题，《地质灾害防治条例》规定在编制和实施土地利用总体规划、矿产资源规划以及水利、交通、能源等重大工程项目规划过程中，应当充分考虑地质灾害防治要求，避免和减轻地质灾害造成的损失。

第三节　年度地质灾害防治方案的编制

一、年度地质灾害防治方案编制和审批的规定

《地质灾害防治条例》规定县级以上地方人民政府国土资源主管部门会

同同级建设、水利、交通等部门依据地质灾害防治规划，拟订年度地质灾害防治方案，报本级人民政府批准后公布。

年度地质灾害防治方案是指县级以上地方人民政府国土资源主管部门会同同级建设、水利、交通等行业部门，依据地质灾害防治规划以及上一年度地质灾害发生情况，对本行政区域本年度内可能发生的地质灾害所作出的防治工作的总体部署。

不同级别的年度地质灾害防治方案内容各有侧重。省级年度地质灾害防治方案主要是以区域灾害预报，同时兼顾重大地质灾害隐患点防治；市级、县级年度地质灾害防治方案主要是以重要地质隐患点的防治和减灾措施为主。

二、年度地质灾害防治方案的主要内容

年度地质灾害防治方案主要有以下五个方面的内容。

1. 主要灾害点的分布

应当简要说明上一年度地质灾害的分布、灾情以及灾后各隐患点的稳定状态，然后依据当年降水趋势预测、工程建设活动的区段分布以及已经掌握的本行政区域地质灾害态势等进行综合分析，对当年地质灾害可能发生的主要区段、灾种、重要灾害点作出预测。

2. 地质灾害的威胁对象、范围

依据当年地质灾害可能发生的主要区段分布情况，圈定出重点防范范围，并具体落实到乡镇、村和居民点，以及危险性大的公路、铁路路段、水利工程设施区和重点矿山等。

3. 重点防范期

一般来讲，当地的主汛期就是当年地质灾害重点防范期。各级人民政府国土资源主管部门要提前做好各方面的准备工作，及时进入重点防范工作状态，认真落实汛期地质灾害防治各项制度，确保安全度汛，最大限度地减少灾害造成的损失。

4. 地质灾害防治措施

按照地质灾害防治规划的统一部署，具体落实年度重大地质灾害隐患点的治理工程项目。对那些危害性大、危险性大的地质灾害隐患点，应当在当地人民政府统一部署下，如在汛前实施必要的简易阻排水工程和削坡减载、压脚工程等。同时，还要预先选好避让的安全地点、撤离路线以及保护供水供电设施安全的措施等。

5. 地质灾害的监测、预防责任人

地质灾害动态监测就是对地质灾害体变形破坏状况及其宏观前兆随时间

变化而进行的监测。地质灾害的发生本身是一个过程，在出现大规模变形破坏之前，往往有比较明显的征兆。通过监测，及时捕捉这些征兆，作出预报，就可以避免或者减轻地质灾害造成的损失。因此，对地质灾害要实行动态监测。目前，我国已基本建立起地质灾害群众监测网络，监测点近5万个，并落实了监测责任人；威胁公路、铁路、航道、通信、水利设施的地质灾害危险体，主管部门也已经组织力量进行了监测。因此，要求明确地质灾害的监测、预防责任人是有实践基础的。

三、年度地质灾害防治方案的范例

广东省2012年度地质灾害防治方案

为了指导全省2012年地质灾害防治工作，减少或避免地质灾害造成人员伤亡和经济损失，确保人民群众生命财产安全，根据《中华人民共和国突击事件应对法》、国务院《地质灾害防治条例》和《广东省地质环境管理条例》的有关规定及《中共中央关于制定国民经济和社会发展第十二个五年规划建议》关于“加快建立地质灾害易发区调查评价体系、监测预警体系、综合防治体系和应急救援体系”和国务院《关于加强地质灾害防治工作的决定的通知》（粤府〔2011〕92号）、省政府办公厅《印发广东省贯彻落实国务院关于加强地质灾害防治工作决定重点工作分工方案的通知》（粤办函〔2011〕672号）要求，结合我省近年来突发性地质灾害灾情、险情和成因特点及广东省气候中心2012年气候趋势预测，编制广东省2012年地质灾害防治方案。

一、2011年地质灾害概况

（一）地质灾害灾情

2011年全省发生较大规模的突发性地质灾害100宗，其中，滑坡30宗、崩塌45宗、地面塌陷19宗、泥石流2宗、地裂缝2宗、地面沉降2宗。造成2人死亡，直接经济损失2744.95万元。自然因素为主诱发地质灾害87宗，占总数的87%，人为因素为主诱发地质灾害13宗，占总数的113%。主汛期（4~10月）发生地质灾害91宗，占全年地质灾害总数的91%；全年导致人员伤亡地质灾害1宗，仅占总数1%。与2010年相比，地质灾害数量、死亡人数和直接经济损失分别大幅下降83.3%、95.5%和87.9%，死亡人数和就直接经济损失为1999年以来最少的一年。

（二）地质灾害险情

截至2011年年底，全省威胁100人以上潜在地质灾害隐患点562处，威胁人口220640人，潜在经济损失48.10亿元。今年汛期，预计由于气候条件异常变化，可能还将增加一批新的地质灾害隐患点，地质灾害防治工作形势十分严峻。

（三）地质灾害发生特点

根据广东省气候中心监测结果，2011 年降水显著偏少，全省平均降雨量为 1089.1 毫米，较常年偏少 23%；2011 年登陆热带气旋 3 个，严重影响我省的热带气旋 1 个。2011 年地质灾害主要特点为：一是与多年同期相比灾情最轻，死亡失踪人数最少，是 1999 年以来，灾情最轻的一年；二是地质灾害发生主要集中在汛期，占全年总数的 91%；三是地质灾害主要发生在韶关、梅州、肇庆、清远市，占总数的 82%；四是地质灾害类型以崩塌、滑坡为主，占总数的 75%；五是局部灾害性强降雨时导致突发性地质灾害发生的主要原因。

（四）地质灾害防治工作效果分析

一是省委、省政府和各级党委、政府及国土资源主管部门和各有关部门高度重视地质灾害工作，精心组织，科学部署，靠前指挥，部门联动，积极应对，地质灾害防治工作责任到位，重大地质灾害灾情得到了有效控制，全年地质灾害发生数比 2010 年减少 500 宗。二是地质灾害气象预警预报和群测群防发挥重要作用，省国土资源厅和省气象局联合发布地质灾害气象预警预报信息 56 次，各地全年成功预报地质灾害 13 宗，避免人员伤亡 381 人，避免直接经济损失 2372.3 万元，防灾减灾效果显著。三是大力普及地质灾害预防知识，积极开展地质灾害应急演练，广大人民群众积极参与地质灾害防灾减灾，进一步提高了科学避灾和自救能力，避免了群死群伤地质灾害事件的发生，全年地质灾害死亡人数比 2010 年减少了 42 人。四是全面完成省政府“十件民生实事”84 处重大地质灾害隐患点治理与搬迁工程，其中实施搬迁工程 23 处、治理工程 61 处，减少重大地质灾害隐患点的威胁人员 56871 人。

二、2012 年度地质灾害发展趋势预测

（一）2012 年降雨趋势预测

根据广东省气候中心 2011 年 12 月 30 日《广东省 2012 年度气候趋势预测展望》，2012 年广东省天气气候仍复杂多变，降水可能在正常范围波动，但是季节性、局部的灾害性气候比较突出，全省平均年降水 1500～1600 毫米，较常年略偏少。1～5 月，降水大部分地区偏少；6～8 月，局部地区略偏多；9～12 月，降水大部地区偏少。在 2012 年汛期降水集中期，全省可能出现较严重的局部性洪涝灾害和山洪地质灾害；全年影响广东省的热带气旋接近常年或偏少，大约 3～5 个。

（二）2012 年地质灾害发展趋势

根据 2012 年全省降雨趋势预测，结合近年来我省地质灾害发生发展特点，2012 年我省地质灾害总的趋势是，局部灾害性强降雨时诱发崩塌、滑坡和泥石流等地质灾害的主要原因。前汛期（4 ~6 月）诱发崩塌、滑坡和泥石流地质灾害接近常年，应注意由于降水偏少可能引起地下水位下降，导致岩溶地面塌陷灾害发生；5 ~6 月应注意“龙舟水”降雨集中期，可能引发群发性突发性崩塌、滑坡和泥石流地质灾害。后汛期（7 ~9 月），诱发崩塌、滑坡和泥石流地质灾害接近常年或偏高，务必做好崩塌、滑坡和泥石流地质灾害防范工作，并将台风强降雨期间作为防范群发性突发性地质灾害的重点时段。全省枯水期（1 ~3 月）和平水期（10 ~12 月），由于降雨偏少，地下水补给量减少，导致地下水位下降，应注意粤北、粤西等石灰岩分布区发生岩溶地面塌陷，特别要注意防范重大地下工程施工（采矿、地铁、高速铁路和高速公路等）抽排地下水的叠加影响，导致地面塌陷和地面沉降地质灾害。

2012 年全省地质灾害接近正常年份或偏重，局部灾害性强降雨是诱发地质灾害的主要原因，地质灾害主要出现在 5 ~9 月，局部可能出现较严重的崩塌、滑坡、泥石流群发性突发性地质灾害。

三、2012 年度地质灾害重点防范期

我省主要汛期 4 ~10 月降雨量约占全年降雨量的 80% 以上，此时段是“龙舟水”和台风暴雨诱发崩塌、滑坡、泥石流等地质灾害的高发时期。因此，我省地质灾害防范时期为 4 月 15 日至 10 月 15 日，重点防范时期为 5 月 1 日至 9 月 30 日，其他时期应加强防范人为工程活动诱发的山体崩塌、滑坡、泥石流和地面塌陷、地面沉降、地裂缝等地质灾害，同时，要加强各类重大建设工程可能导致地面塌陷等地质灾害的监测预警和防治工作。

四、重要地质灾害预防区（隐患点、地段）

地质灾害预防的重点区域为丘陵山区地质灾害高易发区和山区削坡建房地段，重点是该区域的城镇、乡村等人口密集区、重要生命线工程沿线等潜在地质灾害隐患点。2012 年全省地质灾害防范重点地区为粤北、粤东和粤西的暴雨中心地带和地质灾害高易发区，以及本方案所列出的重点地质灾害隐患点作为省级预防重点，未列入本方案的其他地质灾害隐患点，各地应分别在市、县（市、区）年度地质灾害防治方案中予以明确。同时，各有关主管部门应加强公路、铁路、水利、学校、油气管道、矿山等重要工程地段可能发生地质灾害的防治工作。2012 年全省重点地质灾害防治区域包括：

（一）重大地质灾害隐患点。包括 562 处威胁人员 100 人以上地质灾害隐患点（附件 1），其中，威胁 1000 人以上的 51 处地质灾害隐患作为重点防范对象。

（二）地质灾害重点防治区。包括全省 36 个重点防范山区县（市、区）

地质灾害调查与区划划定的地质灾害高易发区；15处重点防范城镇（乡）居民集中区；重点防范公路13条、铁路2条、水库3座、矿山6处及正在施工的公路、铁路等（详见附件2和附件3）。

（三）山区暴雨中心地带。重点防范清城；连南、莲花山南麓和罗定、信宜等多雨中心区域潜在的地质灾害隐患点和削坡建房边坡地段。

上述地区受强降雨及人类工程活动等因素的影响，易诱发滑坡、崩塌、泥石流、地面塌陷等突发性地质灾害，造成人员伤亡和财产损失，应采取有效预防措施予以重点防范。所在市、县（市、区）人民政府要高度重视，加强领导，明确责任，落实措施，统一部署地质灾害应急管理工作。各级国土资源、城乡规划建设、水利、交通、教育、旅游、气象等有关部门，要各负其责，汛期前，按照各自的职责切实做好本部门地质灾害隐患点（地段）的全面检查；汛期开展经常性巡检、监测预警和24小时值班，并做好防灾、避免和救灾应急准备的各项工作，最大限度地避免或减轻地质灾害造成的损失，确保人民群众生命财产安全。

五、地质灾害预防措施

（一）加强领导，明确地质灾害防治工作目标

各级人民政府要以科学发展观为统领，突出以人为本，把人民群众生命财产安全放在首位；把落实《国务院关于加强地质灾害防治工作的决定》作为各级政府2012年重点应急管理工作之一，组织制定和实施本地区《地质灾害防治“十二五”规划》，发挥规划的先导统筹作用，促进经济社会可持续发展；切实加强领导，落实责任制，明确具体负责人，一级抓一级，层层抓落实，做到领导到位，任务到位、措施到位、资金到位，坚持预防为主，避免与治理相结合和全面规划、突出重点的原则；各级地质灾害防治工作领导小组和应急指挥人员要认真履行职责，周密部署，靠前指挥，快速反应，积极应对；各重要地质灾害隐患点必须按照防灾责任制的要求，制定应急防灾预案，落实所在地区、主管部门和建设单位的责任，并明确专人负责，各责任人必须上岗到位，要有对人民群众生命财产安全高度负责的责任感；各地要建立健全地质灾害应急管理和技术支撑机构，根据《广东省突发地质灾害应急预案》和灾情速报的有关规定，及时向当地人民政府和有关部门报告地质灾害灾情、险情和工作情况。

各级国土资源主管部门要会同有关部门做好监测、预警预报、群测群防、灾情趋势分析研判、灾害现场应急调查等工作，协助当地政府及时提出相关措施，制定人员紧急避险和安全转移的应急方案，最大限度地减少地质灾害造成的人员伤亡和财产损失。各地要认真总结本行政区地质灾害防治工作情况，在次年的1月5日之前，将上年度地质灾害防治工作总结报告送当

地人民政府和上一级国土资源行政主管部门。

（二）制定防治方案，落实地质灾害防治工作责任制

各市、县（市、区）国土资源行政主管部门要会同城乡规划建设、水利、交通和海洋等有关部门，结合本行政区地质灾害防治工作情况，认真组织编制和落实《年度地质灾害防治方案》，提出本地区年度地质灾害防治重点地区和具体防灾措施，明确责任分工，落实地质灾害隐患点防灾责任单位、监测预警单位和相关责任人，协助有关部门和单位确定避灾方案和紧急疏散路线。各地年度地质灾害防治方案应在 4 月中旬之前经同级人民政府批准后公布，并报上一级国土资源行政主管部门备案。年度地质灾害防治方案应作为当地政府组织指导当年本行政区地质灾害防灾工作的决策依据。

各级人民政府和国土资源行政主管部门应通过层层签订地质灾害防治工作责任书，进一步落实地质灾害防治工作责任制。各地要按照《广东省突发性地质灾害应急预案》的要求，切实做好地质灾害应急处置工作。各市、县（市、区）要完善地质灾害预警预报机制，切实做到早预警、早准备、早撤离，最大限度地避免地质灾害造成的人员伤亡和财产损失。对违反规定或不落实地质灾害防治方案，一旦发生地质灾害导致人员伤亡和重大财产损失的，要按照国务院《地质灾害防治条例》的有关规定，追究有关责任人的法律责任。

（三）消除灾害隐患，加快实施地质灾害勘察治理工程

各级政府要按照《广东省威胁 100 人以上地质灾害隐患点和危险点搬迁避让与勘察治理工程实施方案》的要求，加强组织领导，积极安排和落实资金，按照轻重缓急原则，加大工作力度，积极推进重大地质灾害隐患点搬迁避让和勘察治理工作，各级国土资源主管部门要认真履行职责，加强指导协调，加强监督管理，主动协助当地政府细化工作计划，积极筹措资金、督促责任单位落实搬迁避让和治理责任，确保实现珠江三角洲地区地质灾害隐患点搬迁和治理的比例不低于 15%，其他地区部不低于 10% 的年度目标，加快消除地质灾害隐患，保障人民群众生命财产安全。

（四）落实防治经费，完善地质灾害防治工作投入保障机制

各级人民政府要按照国务院《地质灾害防治条例》和《广东省地质环境管理条例》及省人民政府《印发广东省贯彻落实国务院关于加强地质灾害防治工作重点工作分工方案的通知》的有关规定和要求，加大各级财政对地质灾害工作投入保障机制，根据本地财政状况和地质灾害防治工作的实际，合理安排地质灾害调查、巡查、预防、勘察治理和应急设备等经费，保证地质灾害防治工作的需要。

（五）完善管理体制，提高地质灾害应急反应能力

各级人民政府和国土资源主管部门要按照国家和省有关规定与要求，建立起“横向到边、纵向到底”的预防体系，形成“统一领导、综合协调、分类管理、分级负责，属地为主”的应急管理体制，进一步健全地质灾害基层应急管理机构，尽快设立地质灾害应急管理办公室和地质灾害应急技术指导中心、地质环境监测站，尽快形成“政府统筹协调、专业队伍技术支撑、群众广泛参与、防范严密到位、处置快捷高效”的地质灾害管理工作新机制，进一步强化汛期值班、险情巡查和灾情速报制度，向社会公布地质灾害报警电话，接受社会监督，充分发挥地质灾害群测群防的重要作用，通过发放地质灾害防灾避险明白卡，使处在地质灾害隐患点的群众做到“自我识别、自我监测、自我预报，自我防范、自我应急，自我救治”，增强社会公众自救互救和防灾避险的能力，扎实深入推进地质灾害群测群防“十有县”、地质灾害防治“五条线”、基层国土所“五到位”建设。汛期前，各级国土资源主管部门要会同有关部门，组织技术力量对地质灾害危险区和重要地质灾害隐患点进行全面检查；汛期中开展巡查和应急调查，并根据全省地质灾害预警信息，及时做好地质灾害隐患点预警预报工作；汛期后进行复查与总结；要充分发挥各级地质环境监测机构和地质队伍以及有关专家在汛期突发性地质灾害应急调查与处置工作中的作用，各级人民政府应根据实际，组织或指定一支抢险救灾应急队伍，以备承担突发性地质灾害抢险救灾任务，全面提高地质灾害应急处置能力。

（六）加强监管力度，依法查处地质灾害防治工作中的违法行为

各级人民政府要按照《地质灾害防治条例》和《广东省地质环境管理条例》的规定，通过公示、督查、告知等手段，严格执行地质灾害危险性评估和地质灾害防治工程“三同时”制度，禁止在地质灾害危险区审批新建住宅以及爆破、削坡和从事其他可能引发地质灾害的活动，依法查处违反国务院《地质灾害防治条例》规定的行为，从源头上控制和预防人为引发地质灾害的发生，注重预防山区城镇建设、农村建房和山体过度开发形成的地质灾害隐患点；加强矿山地质环境保护与恢复治理力度，指导矿山企业做好矿区防灾减灾预案，最大限度地避免矿山建设生产引发突发性的地质灾害。

（七）加强协调沟通，建立协同联动机制

在当地党委、政府的统一领导下，按照省人民政府《印发广东省贯彻落实国务院关于加强地质灾害防治工作决定重点工作分工方案的通知》的有关规定和要求，各级国土资源、财政、民政、教育、水利、交通、公安、铁路、防汛救灾、气象等有关部门要加强协调、沟通与合作，互通情报，并

进一步健全山洪地质灾害监测预警信息的印时共享渠道，确保全省汛期地质灾害应急指挥、预警预报和防灾工作网络信息准确、畅通。各地要不断树立和完善多部门协同处置地质灾害的联动机制，形成快捷，高效的抢险救灾合力。

六、地质灾害监测、预防与应急处置责任

地质灾害的监测、预防与应急工作应在市、县（市、区）人民政府的统一领导和部署下，国土资源、建设、交通、水利、海洋、教育和旅游等主管部门要按照各自职责，负责对本行政区域内地质灾害隐患点（段、区）监测预防和应急处置工作。地质灾害应急处置工作，坚持“政府主导，部门联动，属地负责”的原则对威胁矿山、公路、铁路、水利等设施和学校、旅游景区（点）的地质灾害隐患点，分别由所在地各有关主管部门负责组织监测预防和险情应急处置；对于威胁居民区的地质灾害隐患点，由当地县（市、区）、镇（乡）人民政府和村民委会负责组织监测和应急处置工作。汛期前，各相关主管部门要按照各自的职责分工，对地质灾害隐患点（地段、区）进行全面的检查，落实防灾、避灾、救灾的组织机构、资金和物质准备，最大限度地避免或减轻地质灾害造成的人员伤亡和财产损失，确保一方平安。

附件：1. 广东省2012年地质灾害隐患点情况表（略）
2. 广东省2012年地质灾害重要危险地区（段）一览表（略）
3. 全省地质灾害调查与区划的县（市）地质灾害分布特征表（略）
4. 广东省2012年威胁100人以上地质灾害隐患点一览表（略）

第六章

地质灾害预防

第一节 地质灾害的监测

第二节 地质灾害的预报

第三节 地质灾害危险性评估制度

地质灾害重在预防。当前地质灾害预防工作中还存在监测预防系统不完善，以及在经济建设活动中一些单位忽视地质灾害预防工作等问题，为了做好地质灾害监测、预报工作，不断提高对地质灾害的预防能力，必须建立地质灾害监测网络和预警信息系统、实行地质灾害预报制度、确立地质灾害危险区划定和撤销制度、实行地质灾害危险性评估制度、实行地质灾害危险性评估单位资质审批制度、实行建设工程与配套的地质灾害治理工程三同时制度等。

第一节　地质灾害的监测

一、地质灾害监测网络和预警信息系统

1. 国家建立地质灾害监测网络和预警信息系统

国家建立地质灾害监测网络和预警信息系统。县级以上人民政府国土资源主管部门应当会同建设、水利、交通等部门加强对地质灾害险情的动态监测。因工程建设可能引发地质灾害的，建设单位应当加强地质灾害监测。

建立地质灾害监测网络是做好地质灾害防治工作的基础和前提，也是预报预警最基本的手段。对于自然引发的危害公共安全的地质灾害监测，其所需的经费应当根据总则规定的地质灾害分级管理原则，分别列入各级政府的财政预算，具体工作则应当由国土资源主管部门会同建设、水利、交通等部门进行。

2. 地质灾害监测网络和预警信息系统现状

到目前为止，全国已经完成了555个地质灾害严重县（市）的地质灾害调查与区划，并设置了48611个群众监测点。这些监测点主要部署在成灾可能波及的范围，其监测对象主要包括危险性大、稳定性差、成灾概率高、灾情严重和对集镇、村庄、工矿及重要居民点人民生命安全构成威胁的地质灾害。

重要城市（城镇）和重点工程建设区一般应当建立以专业监测为重点的骨干网络，如上海、天津、北京已建立起开放动态的三维地面沉降监测网络，西安市已建立地裂缝监测网络，三峡库区近期也已建立起崩塌、滑坡等突发性地质灾害的专业监测和群测群防相结合的监测网络。根据我国地质灾害现状和经济社会发展水平，现阶段我国地质灾害防灾预警体系是政府领导下的以群测群防为基础、群专紧密结合的防灾预警体系。今后，要逐步建立起全国、省（自治区、直辖市）、市（地、州）、县四级集数据采集、传输、预报、发布于一体的预警系统。

二、地质灾害监测设施的保护

地质灾害监测设施包括监测井（孔、泉点）、各类监测仪表、测量标

志、观测建筑物等。

国家保护地质灾害监测设施，任何单位和个人不得侵占、损毁、损坏地质灾害监测设施。地质灾害监测设施属于公共财产，应当依法予以保护，任何侵占、损毁、损坏地质灾害监测设施行为，都会影响地质灾害监测工作，因此，法律禁止任何人、任何单位对其侵占、损坏和破坏。对侵占、损毁、损坏地质灾害监测设施者，要依法追究法律责任。至于实践中新建、扩建、改建各类建设工程，应当避免对地质灾害监测设施和观测环境造成妨害；确实无法避免的，建设单位应当按照国土资源主管部门的规定履行相应手续，并按照国家规定采取相应措施后，方可建设。

第二节　地质灾害的预报

一、地质灾害预报制度

地质灾害预报制度是指地质灾害防治过程中为了避免或者减轻地质灾害给人民生命财产造成损失，针对不同地质灾害实行事先预报的一项基本法律制度。国家实行地质灾害预报制度。

1. 地质灾害预报的主要内容

地质灾害预报的主要内容包括地质灾害可能发生的时间、地点、成灾范围和影响程度等。它有利于防患于未然，早准备早应对，针对不同的灾害危险采取相应的措施，保护人民生命财产安全。

（1）发生时间。特定的地质环境是地质灾害形成的控制因素，降水与不合理的人类工程活动是引发地质灾害的因素。因此，预报地质灾害必须根据地质灾害隐患点的稳定状态综合考虑地质灾害的引发因素，判断地质灾害的危险性和可能发生的时段。

（2）发生地点。是指地质灾害危险体所处的具体地理位置。地质灾害发生地点预报主要是通过现场调查或者勘查查明其形成的地质条件和引发因素，准确地圈定出地质灾害体的具体位置。

（3）成灾范围。是指可能形成灾害的范围。一般来讲，只要地质灾害体对人民的生命财产安全构成现实或者潜在危害的地区，都可划入成灾范围。有些地方没有人类居住或者活动，也没有财产受到威胁，就不必划入成灾范围。

（4）影响程度。是指地质灾害对成灾范围内的破坏程度。

2. 地质灾害的预报重点

地质灾害的预报要重点分为短期预报（几个月内）和临灾预报（几天

内）上。在年度地质灾害防治方案中应当依据气象趋势预测，对地质灾害作出短期预报；而汛期地质灾害气象预报预警属临灾预报。为了避免引起不必要的恐慌和混乱，在总结国土资源部和中国气象局现行地质灾害预警预报经验的基础上，《地质灾害防治条例》规定地质灾害预报应当由县级以上人民政府国土资源主管部门会同气象主管机构发布。其他单位和个人不得擅自向社会发布地质灾害预报。

当前要集中力量把地质灾害气象预报预警这项具有开创性、防灾效果显著的重要工作全面推广。据初步统计，2003 年中央电视台发布 56 次，中国地质环境信息网发布 109 次，全国省级主管机构发布 500 多次地质灾害气象预报预警信息，全国各地成功避让地质灾害 697 起，避免 29514 人的伤亡，减少经济财产损失超过 4 亿元。

3. 山地灾害应急防范的“明白卡”

根据已确定的地质灾害危险点、隐患点，由国土资源部门填制的简易卡片称为“明白卡”，内容包括地质灾害的基本信息、诱发因素、可能危害、预警和撤离方式，当地政府责任人及联系方式等（表 6－1）。“明白卡”把山地灾害防治的责任落实到乡、村直至村民，是调动全社会力量防治山地灾害的有效措施。

表 6－1　　山地灾害防灾避险明白卡（仿国土资源部）

<table>
<tr><td>户主姓名</td><td></td><td>家庭人数</td><td></td><td>房屋类别</td><td></td><td></td><td colspan="5">灾害基本情况</td></tr>
<tr><td>住址</td><td colspan="6"></td><td colspan="2">类型</td><td></td><td></td><td>规模</td></tr>
<tr><td rowspan="6">家庭成员情况</td><td>姓名</td><td>性别</td><td>年龄</td><td>姓名</td><td>性别</td><td>年龄</td><td colspan="2" rowspan="2">灾害体与本住户位置关系</td><td colspan="3" rowspan="2"></td></tr>
<tr><td></td><td></td><td></td><td></td><td></td><td></td></tr>
<tr><td></td><td></td><td></td><td></td><td></td><td></td><td colspan="2" rowspan="2">灾害诱发因素</td><td colspan="3"></td></tr>
<tr><td></td><td></td><td></td><td></td><td></td><td></td><td colspan="3"></td></tr>
<tr><td></td><td></td><td></td><td></td><td></td><td></td><td colspan="2" rowspan="2">住户注意事项</td><td></td><td></td><td></td></tr>
<tr><td></td><td></td><td></td><td></td><td></td><td></td><td></td><td></td><td></td></tr>
<tr><td rowspan="5">监测与预警报</td><td>监测人</td><td></td><td colspan="2">联系电话</td><td colspan="2"></td><td rowspan="5">撤离与安置</td><td>撤离路线</td><td></td><td></td><td></td></tr>
<tr><td rowspan="2">预警信号</td><td colspan="5" rowspan="2"></td><td rowspan="2">安置单位地点</td><td rowspan="2"></td><td>负责人</td><td></td></tr>
<tr><td>联系电话</td><td></td></tr>
<tr><td rowspan="2">预警发布人</td><td rowspan="2"></td><td colspan="2" rowspan="2">联系电话</td><td rowspan="2"></td><td rowspan="2"></td><td rowspan="2">救护单位</td><td rowspan="2"></td><td>负责人</td><td></td></tr>
<tr><td>联系电话</td><td></td></tr>
</table>

本卡发放单位：　　负责人：　　联系电话：　　户主签名：　　联系电话：
（盖章）　日期：　　年　　月　　日

二、地质灾害的群测群防工作

地质灾害易发区的县、乡、村应当加强地质灾害的群测群防工作。在地质灾害重点防范期内，乡镇人民政府、基层群众自治组织应当加强地质灾害险情的巡回检查，发现险情及时处理和报告。

地质灾害重点防范期就是每年的主汛期，一般是5~9月。由于突发性地质灾害的发生大部分是强降雨引发的，而且每年汛期灾害造成的人员伤亡和经济损失占全年的80%以上，且大部分造成人员伤亡的地质灾害发生在经济欠发达的山区，因此地质灾害易发地区的群测群防工作对避免人员伤亡尤其重要。

目前，我国已经建立起较为完善的汛期巡查、值班、速报、督查制度。进入汛期即地质灾害重点防范期，乡镇人民政府和基层群众自治组织，应当根据年度地质灾害防治方案所确定的重点防范的地质灾害隐患点，加强监测和灾害发生前兆特征（地声、泉水变浑、泉水干涸、裂缝扩张、醉汉林出现等）的巡回检查。对可能出现险情的，应当及时采取应急措施，同时向县级以上人民政府国土资源主管部门报告；国土资源主管部门接到险情报告后，要及早赶赴现场，及时掌握地质灾害危险体的变形发展趋势，调查鉴定险情，提出处理对策措施。

地质灾害前兆信息是监测和判别地质灾害的重要依据。鼓励有关单位和个人提供地质灾害前兆信息对及时采取应急措施，预防地质灾害，避免和减轻灾害损失具有十分重要的作用。对于提供重要地质灾害前兆信息、在地质灾害防治工作中作出突出贡献的单位和个人，政府应当给予奖励，包括物质奖励（如发给一定数额的奖金、晋升工资等）和精神奖励（如授予光荣称号、通报嘉奖等）。

三、地质灾害危险区划定和监管

1. 地质灾害危险区划定

对出现地质灾害前兆、可能造成人员伤亡或者重大财产损失的区域和地段，县级人民政府应当及时划定为地质灾害危险区并予以公告，并在地质灾害危险区的边界设置明显警示标志。

地质灾害危险区是指已经出现地质灾害迹象，明显可能发生地质灾害且将可能造成较多人员伤亡和严重经济损失的区域或者地段。具体范围由县级人民政府划定并公告。

实际上，地质灾害危险区可分为两个区域：一个区域是可能发生崩塌、滑坡、泥石流等地质现象的区域，可以称为灾源区；另一个区域是可能因崩塌、滑坡、泥石流等地质现象的发生而遭受损失的区域，可以称为成灾危险区。国际上，一些国家往往把这两个区域分开。如日本在《滑坡防治法》中，将有可能发生滑坡及其附近可能加剧、诱发滑坡的地区称为滑坡危险区；将可能因滑坡造成大量人员伤亡和严重经济损失的区域称为灾害危险区。

2. 地质灾害危险区监管

（1）地质灾害危险区禁止活动的规定。在地质灾害危险区内，禁止爆破、削坡、进行工程建设以及从事其他可能引发地质灾害的活动。

不同的地质灾害危险区内的灾害种类不同，应当禁止的活动也就不同。如果是崩塌、滑坡危险区，则应当禁止不适当的挖坡脚、填方、灌溉等活动；如果是泥石流危险区，则应当禁止在沟谷中大量堆土、弃渣，特别是要注意矿山矿渣的堆放，矿渣堆放不当，在暴雨作用下容易形成泥石流；如果是地面塌陷危险区，则应当严格控制地下水开采。尤其是不能在地质灾害危险区进行住宅、学校和其他重要建筑物的建设。

（2）地质灾害危险区的警示。为了便于管理，在划定地质灾害危险区后，应当在地质灾害危险区边界上设立明显警示标志。尤其在进入地质灾害危险区路口应当设立非常醒目的警示标志，并注明地质灾害危险区内的禁止活动的要求，说明哪些活动是禁止的，哪些活动是要严格审批的等，以免一些单位或者个人进入该区从事诱发地质灾害的活动。

（3）地质灾害危险区的避让。县级以上人民政府应当组织有关部门对地质灾害体及时采取工程综合治理，对地质灾害危险区的单位、居民采取搬迁避让等措施，保证地质灾害危险区内居民的生命财产安全。

3. 地质灾害危险区的撤销

地质灾害险情已经消除或者得到有效控制的，县级人民政府应当及时撤销原划定的地质灾害危险区，并予以公告。

在地质灾害危险区内限制人类活动是为了避免引发地质灾害。如果地质灾害险情已经消除或者得到了有效控制，就没有必要永久地限制下去。因此，对已划定的地质灾害危险区，在采取综合治理措施并经当地国土资源主管部门组织有关专家进行现场考察和安全评估，确认地质灾害险情已经消除或者得到有效控制后，应当及时报县级人民政府批准撤销原划定的地质灾害危险区。

第三节　地质灾害危险性评估制度

地质灾害危险性评估对规范和约束工程活动，从源头上控制、减少地质灾害的发生发挥了重要作用。一方面，有助于政府管理部门和建设单位的科学决策，预防地质灾害，最大限度地降低建设工程风险和维护费用；另一方面，也有助于维护人民生命财产安全，保障建设事业的顺利进行。进行建设项目地质灾害危险性评估，既有实践基础，又对规范、约束人类工程经济活动，减少人为诱发地质灾害的发生具有十分重要的现实意义。

一、关于地质灾害危险性评估的规定

1. 基本概念

（1）地质灾害易发区。是指具备地质灾害发生的地质构造、地形地貌和气候条件，容易或者可能发生地质灾害的区域。

（2）地质灾害危险性评估。是指对建设工程诱发或者加剧地质灾害的可能性和建设工程遭受地质灾害的危险性作出评价，提出防治措施，编制评估报告的技术活动。

2. 地质灾害危险性评估的规定

在地质灾害易发区内进行工程建设应当在可行性研究阶段进行地质灾害危险性评估，并将评估结果作为可行性研究报告的组成部分；可行性研究报告未包含地质灾害危险性评估结果的，不得批准其可行性研究报告。

我国地质灾害发育分布极不均匀，要求所有地区的所有项目都进行地质灾害危险性评估既无必要也不可行，重点应当是要求地质灾害易发区的建设工程项目进行危险性评估，并根据工程所在地区的地质环境条件、工程性质、规模来确定危险性评估做到什么程度，同时考虑到城镇为人口聚集区，应当予以重点防护。

编制地质灾害易发区内的城市总体规划、村庄和集镇规划时，应当对规划区进行地质灾害危险性评估。至于在地质灾害易发区之外的工程建设以及在编制城市总体规划、村庄和集镇规划的过程中是否进行地质灾害危险性评估，可根据实际情况，由建设单位和规划编制部门自行选择。

不能做到在可行性研究阶段进行地质灾害危险性评估或者按照国家规定不需要进行可行性研究的，才在建设工程项目申请用地前进行地质灾害危险性评估。

3. 地质灾害危险性评估的具体流程

地质灾害评估单位接受建设单位的委托→收集相关地质资料以及到现场进行现场调查（含简单勘察）→针对建设项目工程分析确定评价范围→进行地质灾害调查，确定灾害类型和评价要素→进行现状评估和预测评估→进行综合评估，提出防治措施和建议→编写并提交评估报告或者说明书。

二、地质灾害危险性评估的资质管理与评估内容

1. 地质灾害危险性评估单位资质管理

（1）地质灾害危险性评估的单位资质管理制度。国家对从事地质灾害危险性评估的单位实行资质管理制度。地质灾害危险性评估单位应当具备下列条件：

1）有独立的法人资格。

2）有一定数量的工程地质、环境地质和岩土工程等相应专业的技术人员。

3）有相应的技术装备。

经省级以上人民政府国土资源主管部门资质审查合格，取得国土资源主管部门颁发的相应等级的资质证书后，方可在资质等级许可的范围内从事地质灾害危险性评估业务。

（2）地质灾害危险性评估的特殊性。地质灾害危险性评估是一项技术含量高、责任重大的专门性工作。

1）评估专业的特殊性。地质灾害评估的评估对象是极具专业特色的地质灾害，从评估原理到知识要求都与其他学科有很大差别，需要对评估人员进行专门的、系统的培训教育。从事地质灾害危险性评估的人员必须具有地质、水文地质、工程地质、环境地质、钻探、物化探、结构、设计、工程预算、资产评估、法学等多方面的专业知识。

2）评估内容的特殊性。地质灾害既是一种自然现象，又是一种社会现象，地质灾害评估除对灾害本身进行科学估价外，还要对社会造成的影响进行预测。

3）评估方法的特殊性。一般的评估方法都不适合地质灾害评估，由专业和内容的特殊性决定了地质灾害评估需要具有专门的评估方法。

4）评估目的的针对性。地质灾害的发生受周围环境因素的影响非常大，具有相对不确定性。地质灾害评估针对的是地质灾害因不确定因素对周围环境的影响和破坏程度。

除此之外，地质灾害危险性评估的评估原则、评估依据等也与其他评估有很大差异。为保证从事地质灾害危险性评估人员的知识水平和评估能力，切实保证评估成果质量，有效保护人民生命财产安全，国土资源主管部门组织制定评估工作规程、定期组织开展系统的专业技术培训，培育健康的地质灾害危险性评估市场，实现评估的规范化管理。

2. 地质灾害危险性评估内容

（1）工程建设和规划实施可能诱发、加剧地质灾害的危险性。主要是指由于工程建设形成高边坡和开挖坡脚、在坡体上部加载、在坡体中开挖水渠、修建水池又不做有效防渗而诱发滑坡的危险性；在沟谷中弃土弃渣造成

泥石流等的危险性，等等。这里强调的主要是工程建设诱发、加剧滑坡、泥石流等而对其他工程设施、人民生命财产造成的危害。

（2）工程建设和规划实施本身可能遭受地质灾害的危险性。主要指由于工程和规划选址不当，把工程或城镇建在受地质灾害威胁的地方。当然也包括由于工程建设诱发、加剧地质灾害而对工程本身造成的危害。如在山下进行工程建设，不合理开挖坡脚，诱发滑坡而对工程设施本身造成危害。

（3）拟采取的预防治理措施。主要指针对建设工程遭受地质灾害危害的可能性和该工程建设中、建成后引发或者加重地质灾害的可能性，提出具体的预防治理措施，如设置抗滑桩、抗滑墙等。

此外，为了促使地质灾害危险性评估单位不断提高技术水平，切实保证评估成果质量，有效保护人民生命财产安全，地质灾害危险性评估单位应当对所进行的地质灾害评估工作、得出的评估结论和提出的防治治理措施独立承担相应的法律责任。

三、配套建设的地质灾害治理工程有关规定

1. 配套建设地质灾害治理工程

地质灾害危险性评估单位进行评估时，应当对建设工程遭受地质灾害危害的可能性和该工程建设中、建成后引发或者加重地质灾害的可能性作出评价，提出具体的预防治理措施。经过评估，认为建设工程可能引发地质灾害或者可能遭受地质灾害危害的，建设单位在进行工程建设时，必须配套建设地质灾害防治工程。

2. 地质灾害治理工程与主体工程“三同时”制度

配套建设的地质灾害治理工程与主体工程同时设计、施工、验收制度即配套建设的地质灾害治理工程与主体工程“三同时”制度，就是指进行主体工程设计时同时进行地质灾害治理工程的设计、进行主体工程施工时同时进行地质灾害治理工程的施工、进行主体工程验收时同时进行地质灾害治理工程的验收。

3. 配套的地质灾害治理工程竣工后的验收

配套的地质灾害治理工程竣工后，必须进行验收。验收的依据是经正式批准的地质灾害治理设计方案。验收应当采取效果检验和专家评估相结合的方式进行能用数据、指标说明工程质量的，应当严格按照效果检验的测试结果验收；不能用数据、指标说明工程质量的，要聘请有丰富工作经验的多位专家组成专家组，进行综合评估验收。配套的地质灾害治理工程竣工后，没有按照要求组织验收，或者虽组织验收但测试结果不符合治理设计方案的，主体工程即使通过验收也不得投入生产或者使用。否则，将依法承担法律责任。

第七章

地质灾害应急预案

第一节　突发性地质灾害应急预案

一、突发性地质灾害应急预案的编制和审批

1. 基本概念

（1）应急。是指需要立即采取某些超出正常工作程序的行动，以避免事故发生或者减轻事故后果的状态，有时也称为紧急状态。

（2）地质灾害应急。是指为应付突发性地质灾害而采取的灾前应急准备、临灾应急防范措施和灾后应急救援等应急反应行动。同时，也泛指立即采取超出正常工作程序的行动。

地质灾害应急是地质灾害防治工作中的一项重要内容，可以预防和减轻地质灾害损失和有效防止纠纷的产生，在很大程度上取决于应急工作是否及时、有序和有效。

（3）突发性地质灾害应急预案。是指经一定程序事先制定的应对突发性地质灾害的行动方案。所谓突发性地质灾害，是指崩塌、滑坡、泥石流和地面塌陷灾害等。

2. 突发性地质灾害应急预案的编制和审批

编制突发性地质灾害应急预案是贯彻落实地质灾害防治工作以预防为主方针的重要措施。由于突发性地质灾害形成、发生的时间短，破坏性大，往往会造成人员伤亡，因此，应急预案的编制和实施，对减轻地质灾害损失特别是减少人员伤亡，具有十分重要的意义。

国家级突发性地质灾害应急预案由国务院国土资源主管部门会同国务院建设、水利、铁路、交通等部门编制，由国务院批准后公布。省级、市级、县级突发性地质灾害应急预案，由同级人民政府国土资源主管部门会同同级建设、水利、突通等部门编制，由同级人民政府批准后公布。

突发性地质灾害应急预案的编制分为国家级、省级、市级、县级四个级别，这充分体现了统一领导、分级管理、分工负责、协调一致的原则。

二、突发性地质灾害应急预案的内容构成

突发性地质灾害应急预案包括下列六部分内容。

1. 应急机构和有关部门的职责分工

为了提高各级政府对地质灾害应急反应能力，尽最大努力将地质灾害造成的损失降低到最低程度，建立全国地质灾害应急指挥系统是做好地质灾害防治工作的组织保证。因此，突发性地质灾害应急预案中应当明确应急机构

和有关部门的职责分工。一般来讲，全国和各级地方地质灾害防治应急指挥部应当由政府主管领导任指挥长或者总指挥，成员由国土资源、公安、民政、财政、交通、商业、卫生、气象、水利、通信、建设、发改委、武警等相关部门负责人组成。地质灾害防治应急指挥部下设办公室，办公室设在各级国土资源主管部门，具体负责指挥部的日常工作。

2. 抢险救援人员的组织和应急、救助装备、资金、物资的准备

为了做到地质灾害防治应急工作的有备无患，人员和物资的准备是基础，否则会措手不及，造成或者扩大灾害损失。抢险救援人员包括抢救被压埋灾民、医疗救护、消防、抢修生命线工程和重大工程等抢险救援人员。应急、救助装备，资金，物资的准备也是制定预案时必须落实的内容。

3. 地质灾害的等级与影响分析准备

地质灾害的等级与影响分析准备是指要对特大型、大型、中型、小型地质灾害和潜在的地质灾害险情作出不同的应急救灾应急预案。

4. 地质灾害调查、报告和处理程序

突发性地质灾害应急预案应当明确发生地质灾害后或者出现地质灾害险情两种情况的调查内容和目的，如何选派专业技术人员组成调查组对灾害的成因、发展趋势进行调查，提出处理措施，避免灾情和损失的扩大。

5. 发生地质灾害时的预警信号、应急通信保障

预警信号是指在灾害即将发生前发出的警报信号。应急反应机制能不能及时启动，应急处理措施是否有效，关键要看预警信号是否明确，应急通信系统是否完备、畅通。因此，必须在事前做好预警信号和应急通信的准备工作。

6. 人员财产撤离、转移路线、医疗救治、疾病控制等应急行动方案

如果事先不规定明确的撤离、转移路线，在紧急情况下容易出现恐慌、拥挤，耽误撤离。如果事先不规定明确的医疗救治、疾病控制方案，在紧急情况下容易出现救护和传染病控制工作的无序，造成无谓的人员伤亡和损失。因此，必须在事前做好行动方案的准备工作，并经常进行演练。

三、突发性地质灾害应急预案的范例

深圳市突发性地质灾害应急预案

2010 - 04 - 14

1　总则

1.1　编制依据和目的

为了有效处置我市突发性地质灾害，维护人民生命财产安全和社会稳

定，根据国务院《地质灾害防治条例》、《广东省地质环境管理条例》、《广东省突发性地质灾害应急预案》和《深圳市人民政府突发公共事件总体应急预案》等法律法规及规范性文件，结合我市实际情况，制定本预案。

1.2　定义

本预案所称突发性地质灾害是指崩塌、滑坡、泥石流、地面塌陷等灾害。

1.3　分级

地质灾害按照人员伤亡、经济损失的大小，分为小型、中型、大型、特大型4个等级。不同的地质灾害等级对应我市规定的突发公共事件等级如下。

1.3.1　小型地质灾害：因灾死亡3人以下或者直接经济损失100万元以下。

无人员伤亡的小型地质灾害属于一般级别的突发公共事件，有人员伤亡的小型地质灾害属于较大级别的突发公共事件。

1.3.2　中型地质灾害：因灾死亡3人以上，10人以下或者直接经济损失100万元以上，500万元以下。

中型地质灾害属于重大级别的突发公共事件。

1.3.3　大型地质灾害：因灾死亡10人以上，30人以下或者直接经济损失500万元以上，1000万元以下。

大型地质灾害属于特别重大级别的突发公共事件。

1.3.4　特大型地质灾害：因灾死亡30人以上或者直接经济损失1000万元以上。

特大型地质灾害属于特别重大级别的突发公共事件。

1.4　适用范围

本预案适用于我市各类突发性地质灾害事件。因法律、法规、规章另有规定的，从其规定。

2　组织机构和职责

2.1　应急组织机构与职责

2.1.1　市处置突发事件委员会是负责应急处置我市突发性地质灾害的领导机构。主要职责是：在党中央、国务院、省委、省政府的领导和指挥下，统一协调深圳各方面资源参与特大型地质灾害的应急处置工作；负责组织大型地质灾害的应急处置工作；协调调查和处理中型、大型和特大型地质灾害的责任事故。

2.1.2　市地质灾害应急工作领导小组是我市处置突发性地质灾害的专

业应急指挥机构，分管副市长担任组长，市政府分管副秘书长、市国土房产局局长担任副组长。

市地质灾害应急工作领导小组主要职责是：建立健全地质灾害应急工作制度和部门联动机制；做好大型、特大型地质灾害的应急处置工作；负责指挥、协调和组织中型地质灾害的应急处置工作。

市地质灾害应急工作领导小组办公室设在市国土房产局，负责日常工作，主要职责是：制定和完善突发性地质灾害专项预案；会同同级建设、水务、交通等部门查明地质灾害发生的原因、影响范围等情况，提出应急治理措施，减轻和控制地质灾害灾情；按规定上报灾情；按规定提请启动本预案；组织有关方面力量参与应急处置工作；开展专业应急演习和应急宣传教育等工作。

2.1.3　各区政府应成立区地质灾害应急工作领导小组。区地质灾害应急工作领导小组是处置辖区小型地质灾害的具体指挥机构。主要职责是：组织指挥各方面力量处置小型地质灾害；开展辖区内中型、大型、特大型地质灾害先期处置工作；制定和完善辖区内突发性地质灾害应急子预案；指导辖区内各单位开展基层应急工作；为现场指挥部提供相关保障；开展辖区内应急演习和应急宣传教育工作。

各区地质灾害应急工作领导小组下设办公室，负责各区的地质灾害日常应急管理和应急处置工作。特区内各区建设局在市国土房产局直属分局的指导下，负责本区地质灾害防治工作。

2.2　组织体系框架

2.2.1　应急处置分工

小型地质灾害发生后，由事发地的区政府负责组织开展应急处置工作，市国土房产局给予必要的配合和支持。

中型地质灾害发生后，由市地质灾害应急工作领导小组负责组织开展应急处置工作。

大型地质灾害发生后，由市处置突发事件委员会会同省有关部门组织开展应急处置工作。

特大型地质灾害发生后，市处置突发事件委员会在省政府或者国务院的领导下开展应急处置工作。

2.2.2　中型、大型、特大型地质灾害发生后，成立由分管副市长任总指挥，市政府分管国土房产和应急工作的副秘书长、市国土房产局局长任副总指挥的现场指挥部，现场指挥部吸收事件涉及的有关单位负责人为成员。市国土房产局负责组织专家组，为现场指挥部提供技术决策依据。

现场指挥部的主要职责是：执行上级下达的地质灾害抢险救灾任务；负

责提出应急处置措施；组织、协调、实施、指导中型、大型、特大型的应急处置工作；根据灾情确定应急行动方案，开展人员财产转移、医疗救济、疾病控制等工作。

现场指挥部根据工作需要，应启动《深圳市人民政府突发公共事件总体应急预案》的12个基本应急组，参与地质灾害的处置。

3 监测和预警预报

3.1 市国土房产局、各区政府要认真执行市委、市政府关于加强政务值班和信息报送的有关规定，对地质灾害做到早发现、早报告、早处置。

有灾害性天气预报时，各有关单位要严格执行24小时值班制度，建立健全灾情速报制度，保障突发性地质灾害信息报送渠道畅通。

3.2 市国土房产局、各区政府在处置突发性地质灾害各环节中要依据自己的职责快速向市委、市政府报告处置动态情况。信息报告要及时、真实、规范。属于中型、大型、特大型的突发性地质灾害必须在掌握现场情况后立即报告事件主要情况，并尽快书面报告详细情况。

3.3 发现地质灾害险情或者灾情的单位和个人，应迅速通过110、119、120等特服电话以及市国土房产局、市应急指挥中心、各区政府的服务电话报告灾情。其他部门或者居委会接到报告的，应当立即向有关部门转报。

事发地的区政府、街道办或者市国土房产局接到报告后，应当立即派人赶赴现场，进行现场调查，采取有效措施，防止灾害发生或者灾情扩大，并按照国土资源部关于地质灾害灾情分级报告的规定，向上级人民政府和上级国土资源主管部门报告。

3.4 各区、街道办、居委会应当加强地质灾害的群测群防工作。在地质灾害重点防范期内，街道办、居委会应当加强地质灾害险情的巡回检查，发现险情及时处理和报告。

市国土房产局要充分发挥专业优势，进行定期和不定期的检查，加强对地质灾害重点地区的监测和防范。

3.5 市国土房产局应当会同建设、水务、交通等部门加强对地质灾害险情的动态监测。因工程建设可能引发地质灾害的，建设单位应当加强地质灾害监测。

3.6 市国土房产局和市气象局要加强联系，联合开展地质灾害气象预警预报工作。地质灾害气象预报由市国土房产局和市气象局发布，任何单位和个人不得擅自向社会发布地质灾害预报。禁止隐瞒、谎报或者授意他人隐瞒、谎报地质灾害灾情。

3.7 对出现地质灾害前兆，可能造成人员伤亡或者重大财产损失的区域和地段，当地区政府应当及时划定为地质灾害危险区，予以公告，并在地质灾害危险区的边界设置明显警示标志。必要时应及时采取搬迁避让措施。

4 应急响应

4.1 基本应急响应

4.1.1 先期处置机制

地质灾害发生后，事发地的区政府作为第一响应责任单位，在接到报告后应立即启动以本辖区街道办、公安、卫生及区事件主管单位为主体的先期处置机制。有关人员接到通知后应立即赶赴现场开展警戒、疏散群众、控制现场、救护、抢险、收集现场动态信息、判定灾害级别等基础处置工作。对于初步判定为中型、大型、特大型的地质灾害，应立即内向市政府、市国土房产局、市应急指挥中心报告。

4.1.2 小型地质灾害应急处置

4.1.2.1 事发地的区政府在接到报告后应立即启动先期处置机制和区突发性地质灾害应急预案，并在掌握现场情况后立即将灾情向市应急指挥中心和市国土房产局报告，即时报告处置工作进展情况。

4.1.2.2 市国土房产局接到灾情报告后，应立即组织专家组赶赴灾害现场，协助区政府做好地质灾害应急处置工作，并及时向市政府、省国土资源厅报告。

4.1.2.3 处置工作结束后，事发地的区政府应将调查处置结果上报市国土房产局、市应急指挥中心和省国土资源厅。

4.1.2.4 在应急过程中，对初步判定属于中型、大型、特大型的地质灾害，区政府应立即分别向市国土房产局、市应急指挥中心报告。

4.1.3 中型地质灾害应急处置

4.1.3.1 事发地的区政府作为第一响应责任单位，在接到报告后应立即启动先期处置机制，并在掌握现场情况后立即向市政府、市应急指挥中心和市国土房产局报告。

4.1.3.2 市国土房产局提出启动本预案的建议，经市地质灾害应急工作领导小组批准后，由市国土房产局及时启动应急预案，成立现场指挥部，组织各方面力量处置。

现场指挥部根据灾情情况，适时启动相关应急组，参与处置工作的应急组在接到通知后应立即赶赴现场并开展工作。

4.1.3.3 发生中型地质灾害后，市国土房产局要立即将有关情况向省国土资源厅报告，提请省有关部门视具体情况给予必要的支持配合。

4.1.3.4　应急处置工作结束后，市国土房产局应将调查处置结果上报省国土资源厅。

4.1.3.5　在应急过程中，对判定属于大型、特大型的地质灾害，市国土房产局应立即向省国土资源厅报告，并按相应级别开展应急响应。

4.1.4　大型地质灾害应急处置

4.1.4.1　事发地的区政府作为第一响应责任单位，在接到报告后应立即启动先期处置机制，并在掌握现场情况后立即向市政府、市国土房产局和市应急指挥中心报告。

4.1.4.2　市国土房产局提出启动本预案的建议，经市应急指挥中心报请市处置突发事件委员会批准后，由市处置突发事件委员会及时启动应急预案，成立现场指挥部，组织各方面力量处置。现场指挥部根据灾情情况，适时启动相关应急组，参与处置工作的应急组在接到通知后应立即赶赴现场并开展工作。

4.1.4.3　发生大型地质灾害后，市国土房产局要立即将有关情况向省国土资源厅报告，提请省政府组织有关部门会同市政府开展应急处置工作。

4.1.4.4　发生大型地质灾害时，市国土房产局应每24小时向国土资源部报告一次，直至处置结束。

4.1.4.5　在应急过程中，对判定属于特大型地质灾害的，市政府应立即向国务院、国土资源部、省政府和省国土资源厅报告，并按相应级别开展应急响应。

4.1.5　特大型地质灾害应急处置

4.1.5.1　事发地的区政府作为第一响应责任单位，在接到报告后应立即启动先期处置机制，并在掌握现场情况后立即向市政府、市国土房产局和市应急指挥中心报告。

4.1.5.2　市国土房产局提出启动本预案的建议，经市应急指挥中心报请市处置突发事件委员会批准后，由市处置突发事件委员会及时启动应急预案，成立现场指挥部，组织各方面力量处置。

现场指挥部根据灾情情况，适时启动相关应急组，参与处置工作的应急组在接到通知后应立即赶赴现场并开展工作。

4.1.5.3　市国土房产局接到灾情报告后，应立即将有关情况向省国土资源厅报告，提请启动《广东省突发性地质灾害应急预案》，在省政府的领导下，开展应急处置工作。

4.1.5.4　发生特大型地质灾害时，市国土房产局应每24小时向国土资源部报告一次工作进度情况，直至处置结束。

4.2 扩大应急

4.2.1 因突发性地质灾害次生或者衍生其他突发公共事件，目前采取的应急救援能力不足以控制严峻的发展形势，需由多家专业应急机构、事件主管单位同时参与处置工作的，由市处置突发事件委员会协调和指挥其他相关单位参与应急工作。

4.2.2 市地质灾害应急工作领导小组可根据事态发展，协调驻深相关单位、武警部队参与应急工作。

4.2.3 如突发性地质灾害造成的危害程度超出深圳自身控制能力，或者灾情涉及周边地区，需要周边地区援助、广东省或者国家提供支持的，市政府应将情况及时上报，请求省委、省政府或者党中央、国务院直接指挥，并统一协调深圳各方面资源参与处置工作。

4.3 应急结束

小型地质灾害应急结束由区政府及时研判，适时决定。

中型地质灾害应急结束由市地质灾害应急工作领导小组及时研判，适时决定。

市处置突发事件委员会直接指挥处置的突发性地质灾害，应急结束由市处置突发事件委员会决定。

党中央、国务院、省委、省政府直接领导处置的突发性地质灾害，应急结束由当时的领导机构决定。

5 后期处理

5.1 事后治理

应急工作宣告结束后，市国土房产局应及时会同或指导事发地的区政府开展地质灾害治理工作。

5.2 社会救助

市民政部门应做好安置场所设置、救济物资的接收、使用和发放等政府救济工作，组织好红十字会、义工联等社会团体和国际性慈善组织的社会救助工作，并及时向社会公布救济物资的接收、使用和发放等情况。

5.3 调查和总结

5.3.1 市国土房产局等单位应对事发原因、处置经过、损失、责任单位奖惩、援助需求等做出综合调查评估，并及时将调查评估报告报市政府等相关部门。

5.3.2 参与应急救援工作的部门应对本部门应急处置工作及时进行总结，并书面报市应急指挥中心和市地质灾害应急工作领导小组办公室。

6　应急保障措施

6.1　各相关部门应按照《深圳市人民政府突发公共事件总体应急预案》要求做好应急保障措施，做好年度地质灾害应急抢险经费预算，购置现场抢险救灾人员自身安全用品和抢险救灾工具，制定保管制度，确保灾害发生时的紧急调用。

6.2　市国土房产局应成立深圳市地质灾害防治工作专家库，充分发挥专家的专业优势，确保在地质灾害发生时，专家组在现场进行灾情分析，预测灾害发展趋势，为正确制定应急处置措施提供专业依据。

6.3　市国土房产局、各区政府在市应急指挥中心指导协调下，做好技术储备和保障工作，建立相应的地质灾害监控、指挥和决策技术支持平台以及应急信息系统。

市国土房产局要组织力量加强地质灾害调查、监测和防灾减灾基础工作，建立完善的信息储备和分析系统，满足突发性地质灾害应急工作的需要。

6.4　市、区财政部门要建立应急经费快速拨付机制，保障突发性地质灾害应急需要。

市、区政府要根据地质灾害防治工作所需经费情况，将地质灾害应急抢险救灾经费纳入政府的年度财政计划和预算，以确保地质灾害应急处置工作的顺利进行。应急处置资金由灾害所在地区政府预先支付。

地质灾害应急抢险治理工程，根据国家、省、市有关应急抢险工程的规定和程序执行。

6.5　各区政府要制定突发性地质灾害社会动员工作方案。方案中应有社会动员条件、范围、程序、相关保障制度、社会各基层单位的作用等方面内容。

7　宣传培训和演习

7.1　市国土房产局、各区人民政府要有组织、有计划地向公众广泛开展应急宣传教育活动。通过公布报警电话，向公众提供技能培训和知识讲座，在电视、电台、报刊、网络等媒介开辟应急宣传公益栏目等方式，增强广大干部群众的防灾意识和自救护救能力。有针对性地开展应急抢险救灾演练，确保灾害发生后应急救助手段及时到位。

7.2　市国土房产局要定期或者不定期举办突发性地质灾害应急管理和救援人员培训班；各区政府应组织辖区内单位开展应急常识培训。

7.3　市国土房产局、各区政府要制定专项或者辖区演习方案并组织演练。演练应从实战角度出发，深入发动群众参与，达到普及应急知识和提高应急技能的目的。

8 奖惩措施

8.1 市、区政府对在地质灾害应急抢险救助、指挥、信息报送等方面有突出贡献的单位和个人，按有关规定给予表彰和奖励。

8.2 对瞒报、漏报、谎报突发性地质灾害灾情和在应急处置工作中玩忽职守，不听从指挥，不认真负责或故意拖延、临阵脱逃、擅离职守的人员，由主管部门或监察机关按照有关规定，给予责任追究或行政处分；对扰乱、妨碍抢险救灾工作的单位和人员，由主管单位或监察机关、公安机关按照《地质灾害防治条例》有关规定及法律法规，给予行政处分或行政处罚，涉嫌犯罪的，移送司法机关追究刑事责任。

9 附则

9.1 各区政府要参照本预案，组织有关部门制定区突发性地质灾害应急预案，并公布实施。

9.2 各区突发性地质灾害应急预案应报市国土房产局、区应急指挥中心备案。

9.3 地震、海啸和洪水引发的灾害依照相关规定进行处置。

9.4 本预案由市国土房产局负责解释。

9.5 本预案自发布之日起实施。

第二节 地质灾害抢险救灾指挥机构与报告制度

一、地质灾害抢险救灾指挥机构

1. 地质灾害抢险救灾指挥机构组成

地质灾害应急工作涉及社会的方方面面，而且具有紧急性、集中性、需要快速反应和高层决策的特点，为了保证决策的统一性和行动的协调性，在地质灾害发生后，成立地质灾害抢险救灾指挥机构是十分必要的。

特大型和大型地质灾害发生后，有关省（自治区、直辖市）人民政府应当成立抢险救灾指挥机构，组织有关部门实施地质灾害应急预案。发生特大级和社会影响特大的地质灾害，国务院可以成立国家级抢险救灾指挥机构。发生中型和小型地质灾害或者出现地质灾害险情时，市、县人民政府应当成立抢险救灾指挥机构。

地质灾害抢险救灾指挥机构由政府领导负责、有关部门组成，在本级人民政府的领导下，统一指挥和组织地质灾害的抢险救灾工作。

2. 地质灾害抢险救灾指挥机构职责

抢险救灾机构遵循政府统一领导、部门各负其责的原则。地质灾害预警信号发布后，国家机关、社会团体、企业、事业单位应当按照地质灾害应急预案和抢险救灾指挥机构的部署，组织人员疏散避险，救助遇险人员，采取措施组织人员对电源、水源、气源、热源实施有效管理，排除险情，保障人身和财产安全。

为了抢险救灾和维护社会秩序，抢险救灾机构还可以实行紧急应急措施，如交通管制；对生活必需品和药品统一发放和分配；临时征用房屋、运输工具、通信设备和调配抢险设备、物资等。

二、地质灾害抢险救灾报告制度

1. 地质灾害报告制度

地质灾害的报告是有关决策机关掌握地质灾害发生、发展信息的重要渠道。只有建立起一套完备且运行正常有效的灾害报告制度，才能保证信息的畅通。这是领导机关准确把握灾害动态，正确进行决策，有关部门及时采取应急措施的重要前提。地质灾害报告制度包括三方面内容：一是规定发现地质灾害险情或者灾情的单位和个人的报告义务；二是有关部门和村民委员会、居民委员会的转报义务；三是当地政府及其县级国土资源主管部门的报告义务。

《地质灾害防治条例》规定：发现地质灾害险情或者灾情的单位和个人，应当立即向当地人民政府或者国土资源主管部门报告。其他部门或者基层群众自治组织接到报告的，应当立即转报当地人民政府。当地人民政府或者县级人民政府国土资源主管部门接到报告后，应当立即派人赶赴现场，进行现场调查，采取有效措施，防止灾害发生或者灾情扩大，并按照国务院国土资源主管部门关于地质灾害灾情分级报告的规定，向上级人民政府和国土资源主管部门报告。

2. 地质灾害灾情分级报告

国土资源部发布的地质灾害速报制度明确了地质灾害灾情应分级报告，现行地质灾害速报制度按地质灾害等级明确规定了报告时间和内容。

（1）关于地质灾害报告的时间。

1）发生小型地质灾害时，所在县（市）国土资源主管部门应及时向市（地）级主管部门报告，并负责组织调查和作出应急处理。

2）发生中型地质灾害时，所在县（市）国土资源主管部门应于24小时内速报市（地）级主管部门，同时越级速报省级主管部门；由市（地）级国土资源主管部门及时组织调查和作出应急处理，并将应急调查报告上报省级主管部门，省级主管部门要将情况及时报国务院主管部门。

3）发生大型地质灾害时，所在县（市）国土资源主管部门应于12小时内速报市（地）级主管部门，同时越级速报省级主管部门和国务院主管部门，以后每24小时向部报告一次工作进展情况，直到调查结束；由省级国土资源主管部门及时组织调查和作出应急处理，并将最终形成的应急调查报告上报国务院主管部门。

4）发生特大型地质灾害时，所在县（市）国土资源主管部门应于6小时内速报市（地）级主管部门，同时越级速报省级主管部门和国务院主管部门，以后每24小时向国土资源部和有关部门报告一次工作进展情况，直到调查结束；由国务院国土资源主管部门或委托省（自治区、直辖市）国土资源主管部门及时组织调查和作出应急处理。委托省（自治区、直辖市）国土资源主管部门进行调查处理的，最终形成的应急调查报告应尽快上报国务院主管部门。

5）对于发现的地质灾害威胁人数超过500人，或者潜在经济损失超过1亿元的严重地质灾害隐患点，地方各级国土资源主管部门接到报告后，要在2日内将险情和采取的应急防治措施上报国土资源部。

（2）地质灾害报告内容。地质灾害发生后的报告分两类：一类是发现灾害后立即上报的速报报告；另一类是应急调查后的应急调查报告。

1）速报报告。负责报告的部门应当根据掌握的灾情信息，尽可能详细说明地质灾害发生的地点、时间、伤亡和失踪的人数、地质灾害类型、灾害体的规模、可能的引发因素、地质成因和发展趋势等，同时提出主管部门采取的对策和措施。

2）应急调查报告。地质灾害应急调查结束后，有关部门应当及时提交地质灾害应急调查报告。报告内容包括抢险救灾工作；基本灾情；地质灾害类型和规模；地质灾害成灾原因，包括地质条件和引发因素（人为因素和自然因素）；发展趋势；已经采取的防范对策、措施；今后的防治工作建议。

第三节　临灾应急与灾后应急

一、临灾应急

临灾应急是指在出现地质灾害险情的情况下，基层人民政府应当采取的紧急处置措施的状态。

接到地质灾害险情报告的当地人民政府、基层群众自治组织应当根据实际情况，及时动员受到地质灾害威胁的居民以及其他人员转移到安全地带；情况紧急时，可以强行组织避灾疏散。

当前在我国地质灾害严重的县（市）已基本建立起群测群防预警体系，已对近5万个重要的地质灾害隐患点进行了监测。这些隐患点一旦出现灾害发生的前兆特征和险情，接到报告的当地人民政府应当按照地质灾害应急预案规定的疏散避险方案，发出预警信号，通知村民委员会、居民委员会及时将可能成灾的范围内的人员和财产转移到指定的安全地区，并对电源、水源等采取防范措施。

由于我国社会经济发展水平不平衡，特别是发生地质灾害的地区，大部分是老、少、边、穷地区，部分群众在灾害发生时，仍然存在抢救其财产的侥幸心理。因此，为确保人民群众的生命安全，情况紧急时，抢险救灾机构的人员可以实行强制措施。这体现了以人为本、救人高于一切的精神。

二、灾后应急

地质灾害发生后，县级以上人民政府应当启动并组织实施相应的突发性地质灾害应急预案。有关地方人民政府应当及时将灾情及其发展趋势等信息报告上级人民政府。

减轻地质灾害的损失在很大程度上取决于灾后应急工作是否及时有效。突发性地质灾害发生后，县级以上人民政府应当及时启动和组织实施本级地质灾害应急预案，并按照地质灾害等级的规定成立抢险救灾指挥机构，开展灾情收集、报告与评估、抢险救援和转移安置灾民、应急保障、请求支援、次生灾害预防、灾后恢复与重建等各方面抢险救灾活动。

为了防止隐瞒、谎报或授意他人隐瞒、谎报地质灾害灾情，保证灾害信息和灾害后果的报告的准确和畅通，《地质灾害防治条例》特别规定禁止隐瞒、谎报或授意他人隐瞒、谎报地质灾害灾情。同时，在法律责任中还规定了相应的法律责任。

三、灾后重建

县级以上地方人民政府应当根据地质灾害灾情和地质灾害防治需要，统筹规划、安排受灾地区的重建工作。

灾后重建工作包括帮助灾区修缮、重建因灾倒塌和损坏的居民住房；为灾民提供维持基本生活必需品；修复因灾损毁的交通、水利、通信、供水、供电等基础设施；帮助灾区修复或重建校舍、医院；帮助恢复正常的生产生活秩序；编制出地质灾害治理工程总体方案等。

地质灾害发生后，现场指挥机构应当及时组织有关专家对灾害造成的损失、社会影响和地质灾害发展趋势进行评估，为灾后恢复与重建决策提供依据。如通过综合评估认为，地质灾害治理难度大、投入大，其代价超过撤出灾区的代价，从经济效益比较来看，另选新址重建家园更为安全、经济合理，则应当进行统一规划建新村（镇）。

第八章

地质灾害的避险逃生与应急救援

第一节　地质灾害的避险逃生

一、发生地震时室内的避险逃生

1. 平房的地震逃生

地震发生时要保持镇静，迅速判断地震的大小和远近。发生地震时，如仅有左右或前后摇摆为主，缺少上下颠簸的感觉，而且声脆、震动小，说明是远震或小震，只有横波，纵波已完全衰减，一般不必外逃。如果上下颠簸很厉害，表明震中就在附近，几秒钟或几十秒钟后横波就会到达，发生左右晃动，危险性很大，要充分利用非常有限的"黄金时间"，迅速跑到门外空旷地上。如果上下颠簸非常强烈，人无法站稳，表明震源很浅且震中就在附近，往外跑已经来不及，应选择室内相对安全的地点躲避，如在内墙和墙根、墙角蹲下，即使房屋倒塌，也能形成三角空间。同时用双手抱头，以减轻物体砸落时对头部的伤害。也可立即钻到沿墙边坚固的床下或桌子底下，顺墙卧倒。然后利用主震过后的相对平静时间争取脱身。

如果房屋已经倒塌，人被困在废墟中，也不要急于挣扎，首先观察周围有什么物体压在自己身上，身体挪动时是否有可能引发房屋构架新的倒塌。如没有重物压身，也没有新的倒塌危险，可以挣脱爬出废墟。否则应寻找可以支撑压身重物的木棒、砖头等物体，然后再设法脱身。如实在无法移动则应保持冷静，不要盲目挣扎以节省体力，等待外面有人时再呼救。

2. 楼房或建筑物密集场所中的地震逃生

在楼房或大型建筑物内部，发生强烈地震时一般来不及向外跑，或者虽然能跑出去，但周围建筑物密集，随时有倒塌或重物坠落的危险，来不及跑到更远的空旷安全处。这时就不能急着往外跑，要采取以下策略。

震时保持冷静，在室内选择相对安全处暂避，震后再择机跑出户外。国内外许多实例表明，地震发生的短暂瞬间人们在进入或离开建筑物时被砸死砸伤的概率最大，尤其是在门边和楼梯，因为在地震中门最容易变形，也容易发生拥挤践踏伤亡事故，而楼梯在地震中最容易垮塌。住在一层的如门口不很拥挤，可以当机立断迅速跑出楼外。特别要牢记的是：不要滞留在床上；不可跑向阳台；不可跑向楼梯和楼门等人员拥挤的地方；千万不要跳楼；不可以使用电梯，在电梯里的人应尽快离开，若门打不开时要抱头蹲下。另外，要立即灭火断电，防止烫伤触电和发生火情。

选择避震位置至关重要。住楼房避震可根据建筑物布局和室内状况，审时度势寻找安全空间。最好找一个可形成三角空间的地方。蹲在暖气管旁边较安全，因为金属管道的网络型结构和弹性不易被撕裂，即使在地震大幅度晃动时也不易被甩出去；暖气管道的通气性好，不容易造成人员窒息；管道内存水还可延长存活期。更重要的一点是，被困人员可采用击打暖气管道的方式向外界传递信息，而暖气靠外墙的位置也有利于最快获得救助。

需要特别注意的是：躲在厨房、卫生间这样的小空间时，应尽量离炉具、煤气管道及易破碎的碗碟远些；若厨房、卫生间处在建筑物的犄角旮旯里，且隔断墙为薄板墙时，就不要把它选为最佳避震场所。此外，不要钻进柜子或箱子里，因为人一旦钻进去后便立刻丧失机动性，视野受阻，四肢被缚，不仅会错过逃生机会，还不利于被救；躺卧的姿势也不好，人体的平面面积加大，被击中的概率要比站立大5倍，而且很难机动变位。

近水不近火，靠外不靠内。不要靠近煤气灶、煤气管道和家用电器；不要选择建筑物的内侧位置，尽量靠近外墙，但不可躲在窗户下面；尽量靠近水源处，一旦被困，要设法与外界联系，除用手机联系外，可敲击管道和暖气片，也可打开手电筒。在建筑密集的室外避震要注意以下几点：

（1）就地选择开阔地蹲下或趴下以免摔倒，不要乱跑，不要随便返回室内。

（2）避开高大建筑物，特别是有玻璃幕墙的建筑、过街桥、立交桥、高烟囱、水塔下。

（3）避开危险物、高耸或悬挂物，如变压器、电线杆，路灯、广告牌、吊车等。

（4）避开其他危险场所，如狭窄的街道，危旧房屋、危墙、雨篷下，砖瓦、木料等物的堆放处。

3. 集镇公共场所的地震逃生

农村地区的集镇人口密集，集市、大型商场、展览馆、体育竞赛场地、影剧院等公共场所人员川流不息，特别是在集市开放日、节假日和重大民俗日更加拥挤。一旦突发地震，很容易秩序失控，拥挤践踏造成重大伤亡。

首先要听从现场工作人员的指挥，不要慌乱，不要同时拥向一个出口，特别是在集市、体育竞赛场地和展览场馆等地势比较开阔，也没有高大建筑物的地方，并没有因房屋倒塌砸伤人的危险，最大的危险是人群在慌乱中的拥挤践踏。

在影剧院、体育馆等处，要注意避开吊灯、电扇等悬挂物，用提包等保护头部。等地震过去后，听从工作人员指挥，有组织地撤离。

如在商场、书店、展览馆等处，应选择结实的柜台和家具旁、柱子边及内墙角等处就地蹲下，用手或其他东西护头。注意避开玻璃门窗、玻璃橱窗或柜台，避开高大不稳或摆放重物、易碎品的货架，避开广告牌、吊灯等高耸物或悬挂物。

在行驶的公交车内要抓牢扶手，以免摔倒或碰伤。尽量降低重心，躲在座位附近，等地震过去后再下车。

过去学校教育孩子在发生地震时马上躲到课桌底下，这是以课桌比较坚固和天花板不会掉落为前提的。事实证明。在破坏力极大的强烈地震中，由于脆弱的课桌瞬间被塌落的天花板砸垮。躲到课桌底下的学生伤亡严重。对于在底层教室的师生，最好还是立刻跑到楼外操场；对于在楼上教室的师生，最好沿墙根蹲下并用书包护头。

4. 身体部分被掩埋时的自救

地震时如被埋压在废墟下，周围又是一片漆黑，只有极小的空间，一定不要惊慌，要树立生存的信心，相信会有人来救你，要千方百计保护自己。

地震后往往还有多次余震发生，建筑材料和构件不断掉落，处境可能会继续恶化。为免遭新的伤害，要尽量改善自己所处环境。此时如果应急包在身旁将起很大作用。首先要保持呼吸畅通，挪开头胸部杂物，闻到煤气或毒气要用湿衣服捂住口鼻。避开身体上方不结实的倒塌物和其他容易引起掉落的物体，用砖块、木棍等支撑残垣断壁，扩大和稳定生存空间，以防余震发生后环境进一步恶化。

设法脱离险境。如果找不到脱离险境的通道，要尽量保存体力，不要哭喊和过分焦虑。听到外面有人时可用石块或其他物体敲击能发出声响的物体，向外发出呼救信号。如被困在废墟下无法脱身，不要盲目挣扎和挖掘，这样会大量消耗精力和体力。尽可能控制自己的情绪或闭目休息，等待救援人员到来。如果受伤，要想办法包扎和压迫止血，避免流血过多。

努力维持和延长生命。如果被埋在废墟下的时间比较长，救援人员未到，或者没有听到呼救信号，就要想办法维持自己的生命。水和食品一定要节约，尽量就近寻找食品和饮用水。必要时自己的尿液也能起到解渴作用，但最好用容器接，排尿后立即喝下去，因为尿液中含有许多活性物质，时间长了会变质。

当你被困在地震废墟或其他险境中时，一定要坚信，我们的党、政府、军队和亲人一定会来救援的，坚持就是希望。

5. 避灾自救口诀

大震来时有预兆，地声地光地颤摇，虽然短短几十秒，做出判断最重要。

高层楼撤下，电梯不可搭，万一断电力，欲速则不达。

平房避震有讲究，是跑是留两可求，因地制宜作决断，错过时机诸事休。

次生灾害危害大，需要尽量预防它，电源燃气是隐患，震时及时关上闸。

强震颠簸站立难，就近躲避最明见，床下桌下小开间，伏而待定保安全。

震时火灾易发生，伏在地上要镇静，沾湿毛巾口鼻捂，弯腰匍匐逆风行。

震时开车太可怕，感觉有震快停下，赶紧就地来躲避，千万别在高桥下。

震后别急往家跑，余震发生不可少，万一赶上强余震，加重伤害受不了。

二、野外的地震逃生

1. 平原的野外地震逃生

平原农村的野外没有被倒塌建筑物砸伤的危险，但也要注意地震的其他伤害及所引发的次生灾害和衍生灾害。

（1）避开水边的危险环境。要离开河边与湖边，以防河岸坍塌而落水，或上游水库坍塌垮坝洪水下泄。在海边要注意海啸的发生。不要在水闸、堤坝和桥面上停留，地震时要迅速离开，以防桥梁和闸坝坍塌。

（2）避开其他危险场所。不要站在变压器、高压线和电杆下，以防倒塌或断线后触电。也不要站在高大的烟囱和水塔下。要远离生产危险品和易燃易爆品的工厂及仓库，以防发生意外事故和遭受有毒有害物质泄漏的伤害。

（3）发生强烈地震时要蹲下或趴下以防摔倒。观察有无地裂缝发生，避开地裂缝。也不要急于回到室内拿东西。

2. 山区的野外地震逃生

山区的野外建筑物较少，最重要的是防止在地震引发的次生地质灾害中受伤。因此，要避开山脚、陡崖，以防山崩、滚石、泥石流等伤害，同时要避开陡峭的山坡及山崖，以防地裂、滑坡等，特别是在地质构造不稳定区和雨季。

（1）滑坡的躲避。当滑坡体下滑时，应向垂直滑坡前进的方向逃跑，在滑坡堆积区则应向两侧高处跑，不能向滑坡正对面的山上跑，处于滑体上的人应尽快跑到安全地段。如已来不及跑，可先抓住滑坡体上的树木，防止身体被埋压，在下滑的过程中择机脱险。

（2）崩塌和滚石的躲避。发现有山体崩塌现象时要迅速观察崩落的方向和距离，崩塌还往往伴随着滚石，要往两侧迅速逃跑，切不可顺着滚石方向往山下跑。逃跑不及时可躲在结实的障碍物下，或蹲在地沟、坎下；特别要保护好头部。

（3）泥石流的躲避。泥石流的流速与地形、坡度及含水量有关。坡度越陡，泥石流的流速越快。一般流速为每秒钟 5～6 米，最快的每秒钟可达 15 米。在泥石流的流经区和堆积区，只要听到泥石流的轰鸣声或发出警报，应立即向主沟道两岸的高地逃跑。在泥石流通过区的两岸和泥石流注入主河道的对岸处，下泄物质落地后还会弹起到一定高度，因此要跑到相当高的地方才安全。

3. 组织灾民有序撤离和避险

地震发生后，如果原住地没有合适的临时避难场所，需要组织灾民转移到附近的避难场所。转移时，要注意不要遗漏人员，特别是老人、小孩和病人，要有青壮年照顾。不要携带过多的物品。在有明显余震，房屋有倒塌危险时，不要回屋拿东西。在有可能发生滑坡、泥石流或堰塞湖溃决危险的地方，还需要长距离转移。在转移之前要做好充分的准备。首先，要确定转移的目的地，不要盲目转移，最好是预案规定的避难场所，如能与当地政府领导联系上更好；其次，要选择安全的转移路线，特别是在山区，要避开有可能发生滑坡、崩塌和洪水的地方。出发前要携带足够途中用的食物和饮水，夏季或冬季还要注意做好防暑或防寒。要由熟悉当地地形和地物的人带路，老人、妇女和儿童要有专人照顾和扶持，伤员用担架或门板抬走并安排专人护理。

三、发生滑坡的避险逃生

发现滑坡体有滑动迹象时，应立即向处于斜坡下方的村镇、农户或单位报告，这些村镇或单位应立即组织人员勘察现场，决定应采取的对策。如观察到裂缝较大且加宽速度增快，对滑坡体以下人员和建筑构成很大威胁时，必须立即拟定和实施应急措施，划出危险地段，迅速转移危险地段人员和重要财产，对经过危险地段的公路采取临时的强制管制，限制或禁止通行。以最快速度向上级主管部门或地方政府报告险情。

如果已看到滑坡体在开始蠕动，滑坡马上就要发生，这时要大声喊叫在场人员迅速向两边跑，争取在大滑坡之前脱离滑坡体。脱险人员要设法立即向上级主管部门和当地政府报告灾情，争取外界的及时救援。

如果已经处于滑坡范围之内，在极度危险的情况下，首先要保持冷静，要迅速环视四周，设法向旁边较为安全的地方撤离。由于滑坡体在开始下滑时仍能保持较好的整体性，只要行动迅速，仍有可能跑离危险地段，以向滑坡体两侧跑为最佳选择，如滑坡速度加快，已经不可能跑离，也不要过分悲观。如滑坡体保持整体快速下滑态势，站在原地不动反而要比乱跑生还可能性更大，若有可能，紧抱滑坡体上大树，寻找生还机会。这时处于滑坡体中后部的人要比处于前部或边缘的人遭遇滑坡体与地物冲撞的机会更少。

四、发生泥石流时的逃生

1. 泥石流发生的前兆

雨季深入地质不稳定山区时一定要注意防范泥石流。随时注意收听天气预报，如有大雨或暴雨，一定要有人日夜轮流值班，密切注意周围情况的变化。如沟内有轰鸣声，河流水位突然上涨或正常流水突然中断，或突然变得十分浑浊，或动植物发生异常，如猪、狗、牛、羊、鸡惊恐不安，老鼠乱窜，植物形态发生变化，树木枯萎或歪斜等现象，上述现象征兆都有可能是发生泥石流的征兆，尤其是山体出现裂缝，则可能存在发生滑坡隐患，长期降雨或暴雨则可能诱发泥石流。大多数泥石流发生在暴雨期间，但也有一些泥石流的发生有滞后现象。因此，在暴雨刚刚停止、河沟水位开始下降时，不要过早回到险区。

2. 已经发生泥石流时的避险逃生

如处于泥石流沟道中或堆积扇上，要迅速爬上沟道两侧山坡，切记不可向上游或下游跑，因为泥石流流动速度要比人跑得更快。较低的山坡泥石流也有可能直接冲击到，要跑到尽可能离主沟较远的地方。

如正在沟内或近沟房屋休息，发现泥石流袭来，应分秒必争立即离开泥石流沟的两侧和低洼处，向相对安全的高处撤离，不要留恋财物。

不要停留在坡度较大和土层厚的凹处，也不要上树躲避。因为泥石流能量巨大，沿途的树木根本不能阻挡其前进。

第二节　地质灾害的应急救援

一、应急救援有关规定

1. 地质灾害应急救援中职责分工

县级以上人民政府有关部门应当按照突发性地质灾害应急预案的分工，做好相应的应急工作。为了明确地质灾害应急中各有关部门的责任，实施统一协调行动，在抢险救灾指挥机构的统一领导和指挥下，有关部门的职责和任务如下。

（1）民政部门。向灾民提供救济，做好灾民安置工作是迅速恢复灾区社会正常生活、生产秩序的前提，也是各级民政部门的重要职责。因此，地质灾害发生后，民政部门应当迅速设置灾民避难场所和救济物资供应点，调配、发放救济物品，妥善安排灾民生活，做好灾民的转移和安置工作。

（2）交通、电力、通信、市政部门。交通通信保障是保证应急工作及时有序的重要条件和必要前提。供电、供水、供气系统是重要的生命线工程，迅速恢复供电、供水、供气系统是保障灾区社会正常生活、生产秩序的重要保障。因此，地质灾害发生后，交通、电力、通信、市政部门应当依照职责负责采取有效措施，尽快抢修恢复交通、通信、供电、供水、供气等保障人民基本生活；保证地质灾害应急的通信畅通和救灾物资、设备、药物、食品的运送；对灾害体尚存危害部分采取紧急防护措施，避免再次发生灾害。

（3）卫生、医药部门。医疗救护、卫生防疫和药品供应是地质灾害应急工作中的首要任务。地质灾害发生后，卫生、医药和其他有关部门应当按照职责及时做好伤员的医疗救护、药品供应和卫生防疫工作，确保人员的救治，有效防止和控制传染病的暴发流行。

（4）公安机关。确保灾区的社会治安秩序和交通秩序是一项非常重要的工作，是地质灾害应急的可靠保障。地质灾害发生后，公安机关应当按照职责积极维护灾区社会治安和交通秩序，督促检查落实重要场所和救灾物资的安全保卫工作，做好火灾预防以及扑救工作。

（5）气象主管机构。气象服务保障是地质灾害应急的重要依据。气象主管机构应当配合地质灾害的救助，做好气象服务保障工作。

（6）国土资源主管部门。查明地质灾害发生原因、影响范围等情况，提出应急治理措施，减轻和控制地质灾害灾情，是地质灾害应急的基础性工作，也是一项综合性工作。地质灾害发生后，国土资源主管部门应当充分发挥综合职能，在抢险救灾机构的统一指挥下，具体负责灾害信息的调查、收集、整理和上报，进行灾情评估和提出灾后重建总体设想及治理措施等。

2. 紧急调集权和紧急控制措施

为了抢险救灾和维护社会秩序，在紧急情况下，实行包括交通管制，对生活必需品等统一发放，临时征用房屋、土地、运输工具、通信设备和调配抢险物资设备，请求支援等紧急调集权和紧急控制措施是十分必要的。但是，采取紧急应急措施也是有限制的。

（1）紧急调集权限。国家级抢险救灾指挥机构有权在全国范围内或者跨省（自治区、直辖市）范围内，省级、市级、县级抢险救灾指挥机构有权在本行政区域内，紧急调集人员，调用政府储备的物资，备用的交通工具和相关的设施、设备。必要时，可以根据需要在抢险救灾区域范围内采取交通管制等措施。

（2）紧急应急措施的限制。临时调用单位和个人的物资、设施、设备或者占用其房屋、土地的，事后应当及时归还；如果造成损失的，还应当给予相应的补偿。不能借用紧急救灾之名而随意的调用和占有单位和个人的物资、设施、设备或者占用其房屋、土地。

二、地震灾害的救援

1. 地震的应急救助

（1）地震救援的“黄金 72 小时”。地震发生后，外界救援队伍不可能立刻赶到救灾现场，为使更多被埋压在废墟下的人员能够生还，灾区群众积极互救是减轻伤亡最及时最有效的方法。抢救越及时，获救的希望就越大。有关资料显示，震后 20 分钟获救的救活率达 98% 以上，震后 1 小时获救的救活率下降到 63%，震后 2 小时还无法获救的人员中窒息死亡人数占死亡人数的 58%，如能及时救助，是完全可以获得生命的。救援专业工作者认为，灾难发生之后存在一个救难“黄金 72 小时”，在此时段内被埋压人员的存活率较高。每多挖一块土、多掘一分地，都可以给伤者透气和生命的机会。在世界各地历次大地震中，72 个小时内的国际化救援是最有效的救援方式。“黄金 72 小时”是以人在不能正常补充水分和营养的情况下生命耐受的极限为依据的。地震发生后，在 72 小时期间，被压人员存活率随时间消逝呈现递减趋势，第一天（24 小时内）被救出人员存活率在 90% 左右，在第二天为 50% ~60%，第三天只有 20% ~30%。世界卫生组织专家指出，72 小时后救出来的要么是尸体，要么就是奇迹。虽然有震后 200 多小时仍然是生还的，毕竟是极个别的特例，而且通常是在有食物和饮水补充的情况下才能坚持的。

（2）营救方法。根据震后环境条件采取有效施救方法，将被埋压人员安全地从废墟中救出。首先要搜寻和确定废墟中有无人员埋压及判断其位置，通过向废墟中喊话或敲击传递营救信号。使用搜救犬和生命探测器可准确确定被埋压位置和生命迹象。

营救过程中要特别注意埋压人员的安全。使用铁棒、锄头、棍棒等工具一定不要伤及被埋压人员，不要破坏被埋压人员所处空间的支撑条件，以免引起新的垮塌。尽快与被埋压人员的封闭空间沟通，使新鲜空气流入，挖扒中如尘土太大应喷水降尘，以防止被埋压者窒息。埋压时间较长，一时难以救出的，可设法输送饮用水、食品和药品，以维持和延长其生命。

营救行动开始前，要制定好计划和步骤，确定从哪里入手和用什么工具。

施救时先将被埋压人员的头部从废墟中暴露出来，清除口鼻内尘土使其呼吸畅通，伤害严重、不能自行脱身的人员，应小心清除其身上和周围的埋压物，再抬出废墟，切忌强拉硬拖。对饥渴、受伤，窒息较严重，埋压时间较长的人员，救出后要用深色布料蒙眼，避免强光刺激眼睛导致失明。对受伤者要根据受伤轻重，采取包扎或送医疗点抢救治疗。

（3）地震伤员的急救护理。地震造成的伤害主要由房屋倒塌造成人体砸伤、压伤。头颅、胸腹、四肢、脊柱均可受伤，现场急救方法如下。

1）呼吸和心跳停止者要立即进行心肺复苏，首先要清除掉口鼻腔中的泥土，保护呼吸道通畅，迅速转送医院。

2）休克伤员应平卧，尽量减少搬动。地震造成的休克往往伴有胸腹外伤，要迅速转送医院。

3）开放伤要快速清除伤口周围的泥土，用敷料或其他洁净物品包扎止血。地震造成的开放伤口破伤风和气性坏疽发生率很高，应尽快送医院彻底清创，并肌肉注射破伤风抗毒素。

4）四肢骨折者应选择一切可利用的方法进行妥善固定，然后迅速转送医院。

5）脊柱骨折在地震中多见，现场不易发现，搬动和转送伤员时要格外注意。颈椎骨折在搬动时要保持头部与身体轴线一致；胸腰椎骨折搬动时身体要保持平直，防止脊髓损伤。有截瘫时同样要按上述方法搬动，防止加重脊髓损伤。颈骨折要用围领等方法固定。所有脊柱骨折都要用平板搬运，途中要将伤员与平板之间用宽带妥善固定，尽量减少颠簸对骨髓造成的损伤。

（4）对地震灾民的应急救助。从一开始就要在灾民中提倡自助和互助，因为在强烈地震发生后，最初的一段时间里交通和通信往往断绝，在救援物资运到之前只能利用灾民手中的少量现有资源。要力争高效和节约利用，让有限的食物和饮水能维持更多灾民的生命。应急救助应以满足灾民的紧急需求为目标，基本需要包括以下几个方面：

1）水。保护现有水资源不被污染，用最简单的方法蓄更多的水，优先保障向灾民安置地运送水。

2）食物。确保满足灾民的最低需求，并可持续足量供给，有明显营养不良迹象的灾民要建立特殊的饮食方案，建立食物存储设施。

3）防疫。对灾民进行首要的预防性措施，即使缺医少药，也要为所有6个月至5岁之间的儿童制定常见传染病的防疫方案。

4）卫生保健。由政府和当地卫生部门提供有组织的援助，包括为卫生人员、基本药物及设备。

在满足基本需要之后，接着要考虑提供后续需求，主要包括两个方面：①紧急避难所，首先使用当地材料搭建临时住所，当确实需要时再请求外部支援，如塑料护墙板和帐篷；②防疫措施，将灾民的排泄物与水源及居民区隔离开来。

2. 地震灾民的临时安置与管理

地震灾民的临时安置场所不同于地震发生时的紧急避难所。地震发生时的紧急避难只要能够保全生命即可，只提供最低限度的生存需要。而临时安置住房则是原有住房已经被震塌，灾民住房的恢复重建要等余震减弱之后开始进行，而且需要几个月到一两年。在这个过渡时期里，灾民陆续恢复正常的生活秩序和部分生产活动。临时安置房虽然不可能讲究完善的家具布设与装修美化，但至少应满足灾民日常生活的需要。由于灾民受到极大的经济损失和心理创伤，不同的人群密集聚集在临时安置房，灾民管理也是一个很大的问题。

（1）农村地震灾民临时安置场所的选址。《防震减灾法》规定：“过渡性安置点应当设置在交通条件便利、方便受灾群众恢复生产和生活的区域，并避开地震活动断层和可能发生严重次生灾害的区域。”

选址具体要求考虑社会需求、水源、可用空间、交通便利、有利环境、土壤与植被、土地使用权等因素。

（2）临时安置房的类型。利用承重较轻、没有垮塌危险的教室、仓库、会议室、大棚等改建。利用建筑质量较高、在地震中没有垮塌的房屋安置灾民。受灾范围较小的，可鼓励灾民就近投亲靠友避难，并给予适当的救助。以上两种情况适合灾情较重但并非全部房屋倒塌的地震之后灾民的安置。在地震灾情十分严重、原有房屋几乎全部倒塌的情况下，需要外界提供临时安置灾民的帐篷或搭建简易房来安置灾民。

不管哪种类型，临时安置房都应具备饮用水源和排水设施，具有照明、保暖、挡风、做饭、休息、交通、卫生、救灾物资贮藏和分配等条件。

（3）农村地震灾民的基本生活救助与管理。地震后灾民处于房屋倒塌、人员死伤、交通断绝的极端困难境地，灾区政府要迅速组织救助，并加强对灾民的管理。

1）第一阶段主要任务是确保灾民的生存条件，保证灾民“四有”，即有饭吃、有衣穿、有干净水喝、有临时住处。

2）第二阶段主要任务是指导、协调、督促灾民救助工作，在确保灾民“四有”的基础上，做到“三防”和“两确保”，即防病、防疫、防火，确保食品安全和确保治安安全。

三、灾民的心理救助

遭遇灾难后，人们常会经历一系列心理反应。有人研究，在发生灾难的危急情况下，15% 的人会冷静采取行动，15% 的人会陷入歇斯底里状态，其余 70% 则在震惊、困惑之余什么都不会做。

1. 心理救助的作用

从理论上讲，大的灾难对受灾群众、救灾人员乃至全社会都会产生极大的心理冲击。灾难性事件发生后，大部分人能够在没有专业人员帮助的情况下自愈心理创伤。但是也有少数当事人会产生一定程度的心理问题，并可能长期持续。因此，及时对相关人群进行心理援助或心理干预，可以帮助人们克服、减少或减轻灾后的不良心理和应激反应，有利于社会稳定。时至今日，灾后心理援助已被国际社会公认为灾难援助不可或缺的组成部分。

2. 心理救助的方式

灾后心理援助要尽可能覆盖所有受灾地区的居民，同时要特别关注心理脆弱的特殊人群，要注意对儿童、老人、残障人等高危人群以及灾难救援人员进行心理辅导。

灾后心理重建是一项需要持续进行的工作。心理学研究表明，灾难之后，多数群众的应激反应会在 1 ~ 3 个月内逐渐缓解，但仍有少量人群继续保持症状，有的人最初并没有表现出症状，而在事件发生数月后才出现延迟性的创后反应。据统计，灾难后罹患心理疾病的人数会逐渐增多。专家估计，大约 20% 的受影响人群（包括幸存者、遇难者家属、救灾人员等）会在一年内出现创伤后应激障碍。

此外，焦虑症、忧郁症、生理心理疾病的患病人数也会增加，自杀人数也会在灾后上升。灾害给人们心理造成的伤害往往是长期的，一般认为，在遭受重大心理创伤的人群中，有 5% 的人会影响终生。因此，心理援助既包括短期的危机干预，也包括长期的心理重建。

进行心理救助时应注意以下几点。

（1）建立社会支持系统，鼓励幸存者与家人朋友在一起。

（2）主动接近有心理危机的幸存者，从情感上与他接近，让他信任你，表达出真实的情感，才能对“症”下“药”。

（3）帮助心理受灾人群认识、面对和接受事实，并将负面情绪发泄出来。要采取“顺其自然，为所当为”的原则，要尽力让他们回到“该做什么就做什么”的状态，用心做事去淡忘回忆。

（4）提供准确信息。充分发挥传媒的社会稳定功能。信息的透明可减低焦虑或恐慌程度。此外还要指出希望所在和传递乐观精神，鼓励积极参与各种文体活动可有效转移注意力，疏导当事人造成自我毁灭的强烈情感和负性情感的压抑。

告诉具有心理障碍的人采取三种方式自我减压：①与朋友交流，最好是与自己有同样经历的人；②主动与亲人交流，亲人的安慰也将有助于走出心理困境；③对于不善交流的人，则建议主动地寻求专业帮助或拨打心理咨询热线。

3. 针对不同人群开展心理救助

对地震灾区进行心理救助，要在专业心理工作者的指导下进行。有的志愿者如方法不当，善意的话也有可能对幸存者产生伤害。如有的志愿者劝告灾民"你能活下去已经很幸运了"，看上去是一句善意的安慰，而实际是站在主观的角度来说的，并没有设身处地体会幸存者即将面临的困难处境。过度的关心有时也会伤害幸存者的自尊心，不利于灾民的心理恢复和重建。有的母亲劝告年幼的孩子要坚强勇敢，不要哭，效果往往适得其反。其实，痛哭一场，把负面的情绪宣泄出来，要比憋在心里的效果好得多。

灾难事件对未成年孩子造成的心理创伤更为严重，不进行有效的心理干预，今后很容易出现强恐惧症、焦虑症等各种心理障碍。心理危机干预首先要让他们回忆发生灾难时的景象，让他们把堆积的情感全部发泄出来，可减轻很大一部分压力。其次，要尽快为孩子们建立一个类似学校的安全学习环境。重新回到一个与同龄人共同学习和游戏的环境会给他们带来安全感和稳定感。再次，要尽快建立儿童失散亲人联络中心，帮助孩子们尽快找到父母和亲人。即便父母都已遇难，也应帮助他们及时联络其他亲属，让亲人的关爱及时抚慰孩子受伤的心灵，大大加快儿童的灾后心理重建过程。对于低幼年龄段的儿童，应提供多种玩具或开展可进行身体接触的游戏。无论孩子现在多么难过，如果让他很快找到伙伴投入游戏，可以转移他的关注点。对于失眠和惧怕黑暗的孩子，可以让孩子开着灯睡觉并在睡前讲故事。对于中学生，可以安排团体讨论，让他们充分抒发感情，还可以组织年龄较大的孩子参与救助活动或力所能及的重建家园活动。

参加地震救援的人员，甚至抗震救灾的领导者，同样也存在心理问题，有的人甚至更为严重，这一点往往被忽视。由于工作的特殊性质，他们的心理问题往往被长时间掩盖。在对灾民进行心理救助时，同样不能忽视对他们及时开展心理辅导。

4. 灾后心理辅导的阶段

第一个阶段是应激阶段，为灾难发生和之后很短一段时间。生存是第一要务，受灾群众会进行自救和互救，并尽量抢救财产。许多人会有英雄主义、利他主义和乐观主义意识，这一阶段人们处于高度紧张的抗灾斗争和救援活动中，心理问题并不明显。

第二个阶段是灾后清理阶段，一般是从灾后几天到几周之内。人们会探究及讨论有关灾难的事实，试图将事实拼凑起来以了解到底发生了什么事。

各种各样的心理问题凸显出来，有些人会表达出挫折和愤怒的感受。如果没有相应的心理援助，灾民马上就会因为灾难的巨大损失和重建的困难而感到强烈的失落。必须“心理救灾”与“物质救灾”同步进行，才能达到最佳的救灾效果。

第三阶段是恢复和重建阶段，需要几个月甚至几年。特大地震灾害给人们心理造成的伤害往往是长期的，因此，心理援助要注意长期的心理恢复和重建。

附录A 地质灾害防治条例

（2003年11月19日国务院第29次常务会议通过2003年11月24日
中华人民共和国国务院令第394号公布
自2004年3月1日起施行）

第一章 总 则

第一条 为了防治地质灾害，避免和减轻地质灾害造成的损失，维护人民生命和财产安全，促进经济和社会的可持续发展，制定本条例。

第二条 本条例所称地质灾害，包括自然因素或者人为活动引发的危害人民生命和财产安全的山体崩塌、滑坡、泥石流、地面塌陷、地裂缝、地面沉降等与地质作用有关的灾害。

第三条 地质灾害防治工作，应当坚持预防为主、避让与治理相结合和全面规划、突出重点的原则。

第四条 地质灾害按照人员伤亡、经济损失的大小，分为四个等级：

（一）特大型：因灾死亡30人以上或者直接经济损失1000万元以上的；

（二）大型：因灾死亡10人以上30人以下或者直接经济损失500万元以上1000万元以下的；

（三）中型：因灾死亡3人以上10人以下或者直接经济损失100万元以上500万元以下的；

（四）小型：因灾死亡3人以下或者直接经济损失100万元以下的。

第五条 地质灾害防治工作，应当纳入国民经济和社会发展计划。

因自然因素造成的地质灾害的防治经费，在划分中央和地方事权和财权的基础上，分别列入中央和地方有关人民政府的财政预算。具体办法由国务院财政部门会同国务院国土资源主管部门制定。

因工程建设等人为活动引发的地质灾害的治理费用，按照谁引发、谁治理的原则由责任单位承担。

第六条 县级以上人民政府应当加强对地质灾害防治工作的领导，组织有关部门采取措施，做好地质灾害防治工作。

县级以上人民政府应当组织有关部门开展地质灾害防治知识的宣传教育，增强公众的地质灾害防治意识和自救、互救能力。

第七条 国务院国土资源主管部门负责全国地质灾害防治的组织、协调、指导和监督工作。国务院其他有关部门按照各自的职责负责有关的地质灾害防治工作。

县级以上地方人民政府国土资源主管部门负责本行政区域内地质灾害防治的组织、协调、指导和监督工作。县级以上地方人民政府其他有关部门按照各自的职责负责有关的地质灾害防治工作。

第八条 国家鼓励和支持地质灾害防治科学技术研究，推广先进的地质灾害防治技术，普及地质灾害防治的科学知识。

第九条 任何单位和个人对地质灾害防治工作中的违法行为都有权检举和控告。

在地质灾害防治工作中做出突出贡献的单位和个人，由人民政府给予奖励。

第二章 地质灾害防治规划

第十条 国家实行地质灾害调查制度。

国务院国土资源主管部门会同国务院建设、水利、铁路、交通等部门结合地质环境状况组织开展全国的地质灾害调查。

县级以上地方人民政府国土资源主管部门会同同级建设、水利、交通等部门结合地质环境状况组织开展本行政区域的地质灾害调查。

第十一条 国务院国土资源主管部门会同国务院建设、水利、铁路、交通等部门，依据全国地质灾害调查结果，编制全国地质灾害防治规划，经专家论证后报国务院批准公布。

县级以上地方人民政府国土资源主管部门会同同级建设、水利、交通等部门，依据本行政区域的地质灾害调查结果和上一级地质灾害防治规划，编制本行政区域的地质灾害防治规划，经专家论证后报本级人民政府批准公布，并报上一级人民政府土资源主管部门备案。

修改地质灾害防治规划，应当报经原批准机关批准。

第十二条 地质灾害防治规划包括以下内容：

（一）地质灾害现状和发展趋势预测；

（二）地质灾害的防治原则和目标；

（三）地质灾害易发区、重点防治区；

（四）地质灾害防治项目；

（五）地质灾害防治措施等。

县级以上人民政府应当将城镇、人口集中居住区、风景名胜区、大中型工矿企业所在地和交通干线、重点水利电力工程等基础设施作为地质灾害重点防治区中的防护重点。

第十三条 编制和实施土地利用总体规划、矿产资源规划以及水利、铁路、交通、能源等重大建设工程项目规划，应当充分考虑地质灾害防治要求，避免和减轻地质灾害造成的损失。

编制城市总体规划、村庄和集镇规划，应当将地质灾害防治规划作为其组成部分。

第三章 地质灾害预防

第十四条 国家建立地质灾害监测网络和预警信息系统。

县级以上人民政府国土资源主管部门应当会同建设、水利、交通等部门加强对地质灾害险情的动态监测。

因工程建设可能引发地质灾害的，建设单位应当加强地质灾害监测。

第十五条 地质灾害易发区的县、乡、村应当加强地质灾害的群测群防工作。在地质灾害重点防范期内，乡镇人民政府、基层群众自治组织应当加强地质灾害险情的巡回检查，发现险情及时处理和报告。

国家鼓励单位和个人提供地质灾害前兆信息。

第十六条 国家保护地质灾害监测设施。任何单位和个人不得侵占、损毁、损坏地质灾害监测设施。

第十七条 国家实行地质灾害预报制度。预报内容主要包括地质灾害可能发生的时间、地点、成灾范围和影响程度等。

地质灾害预报由县级以上人民政府国土资源主管部门会同气象主管机构发布。

任何单位和个人不得擅自向社会发布地质灾害预报。

第十八条 县级以上地方人民政府国土资源主管部门会同同级建设、水利、交通等部门依据地质灾害防治规划，拟订年度地质灾害防治方案，报本级人民政府批准后公布。年度地质灾害防治方案包括下列内容：

（一）主要灾害点的分布；

（二）地质灾害的威胁对象、范围；

（三）重点防范期；

（四）地质灾害防治措施；

（五）地质灾害的监测、预防责任人。

第十九条 对出现地质灾害前兆、可能造成人员伤亡或者重大财产损失的区域和地段，县级人民政府应当及时划定为地质灾害危险区，予以公告，并在地质灾害危险区的边界设置明显警示标志。

在地质灾害危险区内，禁止爆破、削坡、进行工程建设以及从事其他可能引发地质灾害的活动。

县级以上人民政府应当组织有关部门及时采取工程治理或者搬迁避让措施，保证地质灾害危险区内居民的生命和财产安全。

第二十条 地质灾害险情已经消除或者得到有效控制的，县级人民政府应当及时撤销原划定的地质灾害危险区，并予以公告。

第二十一条 在地质灾害易发区内进行工程建设应当在可行性研究阶段进行地质灾害危险性评估，并将评估结果作为可行性研究报告的组成部分；可行性研究报告未包含地质灾害危险性评估结果的，不得批准其可行性研究报告。

编制地质灾害易发区内的城市总体规划、村庄和集镇规划时，应当对规划区进行地质灾害危险性评估。

第二十二条 国家对从事地质灾害危险性评估的单位实行资质管理制度。地质灾害危险性评估单位应当具备下列条件，经省级以上人民政府国土资源主管部门资质审查合格，取得国土资源主管部门颁发的相应等级的资质证书后，方可在资质等级许可的范围内从事地质灾害危险性评估业务：

（一）有独立的法人资格；

（二）有一定数量的工程地质、环境地质和岩土工程等相应专业的技术人员；

（三）有相应的技术装备。

地质灾害危险性评估单位进行评估时，应当对建设工程遭受地质灾害危害的可能性和该工程建设中、建成后引发地质灾害的可能性做出评价，提出具体的预防治理措施，并对评估结果负责。

第二十三条 禁止地质灾害性评估单位超越其资质等级许可的范围或者以其他地质灾害性评估单位的名义承揽地质灾害评估业务。

禁止地质灾害危险评估的单位允许其他单位以本单位的名义承揽地质灾害评估业务。

禁止任何单位和个人伪造、变造、买卖地质灾害危险性评估资质证书。

第二十四条 对评估认为可能引起地质灾害或者可能遭受地质灾害危害的建设工程，应当配套建设地质灾害工程。地质灾害治理工程的设计、施工和验收应当与本主体工程的设计、施工、验收、验收同时进行。

配套的地质灾害治理工程未经验验收或者经验收不合格的，主体工程不得投入生产或者使用。

第四章 地质灾害应急

第二十五条 国务院国土资源主管部门会同国务院建设、水利、铁路、交通等部门拟定全国突发性地质灾害应急预案，报国务院批准后公布。

县级以上地方人民政府国土资源主管部门会同国务院建设、水利、铁路、交通等部门拟定全国突发性地质灾害应急预案，报国务院批准后公布。

第二十六条 突发性地质灾害应急预案包括以下内容：

（一）应急机构和有关部门的职责分工；

（二）抢险救援人员的组织和应急、救助装备、资金、物资的准备；

（三）地质灾害的等级与影响分析准备；

（四）地质灾害调查、报告和处理程序；

（五）发生地质灾害时的预警信号、应急通信保障；

（六）人员财产撤离、转移路线、医疗救治、疾病控制等应急行动方案。

第二十七条 发生特大型或者大型地质灾害时，有关省、自治区、直辖市人民政府应当成立地质灾害抢险救灾指挥机构。必要时，国务院可以成立地质灾害抢险救灾指挥机构。

发生其他地质灾害或者出现地质灾害险情时，有关市、县人民政府可以根据地质灾害抢险救灾工作的需要，成立地质灾害抢险救灾指挥机构。

地质灾害抢险救灾指挥机构由政府领导负责、有关部门组成，在本级人民政府的领导下，统一指挥和组织地质灾害的抢险救灾工作。

第二十八条 发现地质灾害险情或者灾情的单位和个人，应当立即向当地人民政府或者国土资源主管部门报告。其他部门或者基层群众自治组织接到报告的，应当立即转报当地人民政府。

当地人民政府或者县级人民政府国土资源主管部门接到报告后，应当立即派人赶赴现场，进行现场调查，采取有效措施，防止灾害发生或者灾情扩大，并按照国务院国土资源主管部门关于地质灾害灾情分级报告的规定，向上级人民政府和国土资源主管部门报告。

第二十九条 接到地质灾害险情报告的当地人民政府、基层群众自治组织应当根据实际情况，及时动员受到地质灾害威胁的居民以及其他人员转移到安全地带；情况紧急时，可以强行组织避灾疏散。

第三十条 地质灾害发生后，县级以上人民政府应当启动并组织实施相应的突发性地质灾害应急预案。有关地方人民政府应当及时将灾情及其发展趋势等信息报告上级人民政府。禁止隐瞒、谎报或者授意他人隐瞒、谎报地质灾害灾情。

第三十一条 县级以上人民政府有关部门应当按照突发性地质灾害应急预案的分工，做好相应的应急工作。

国土资源主管部门应当会同建设、水利、交通等部门尽快查明地质灾害发生原因、影响范围等情况，提出应急治理措施，减轻和控制地质灾害灾情。

民政、卫生、食品药品的、监督管理、商务、公安部门，应该及时设置避难场所和救济物资供应点，妥善安排灾民生活，做好医疗救护、卫生防疫、药品供应、社会治安工作；气象主管机构应当做好气象服务保障工作；通信、航空、铁路、交通部门应当保证地质灾害应急的通信畅通和救灾物资、设备、药物、食品的运送。

第三十二条 根据地质灾害应急处理的需要，县级以上人民政府应当紧急调集人员，调用物资、交通工具和相关的设施、设备；必要时，可以根据需要在抢险救灾区域范围内采取交通管制等措施。

因救灾需要，临时调用单位和个人的物资、设备、设施、设备或者占用其房屋、土地的、事后应当及时归还，无法归还或者造成损失的，应当给予相应的补偿。

第三十三条 县级以上地方人民政府应当根据地质灾害灾情和地质灾害防治需要，统筹规划、安排受灾地区的重建工作。

第五章 地 质 灾 害 治 理

第三十四条 因自然因素造成的特大型地质灾害，确需治理的，由国务院国土资源主管部门会同灾害发生地的省、自治区、直辖市人民政府组织治理。

因自然因素造成的其他灾害，确需治理的，在县级以上地方人民政府的领导下，由本级人民政府国土资源主管部门组织治疗。

因自然因素造成的跨行政区域的地质灾害，确需治理的，由所跨行政区域的地方人民政府国土资源主管部门共同组织治理。

第三十五条 因工程建设等人为活动引发的地质灾害，由责任单位承担治理责任。

责任单位由地质灾害发生地的县级以上人民政府国土资源主管部门负责组织专家对地质灾害的成因进行分析论证后认定。

对地质灾害的治理责任认定结果有异议的，可以依法申请行政复议或者提起行政诉讼。

第三十六条 地质灾害治理工程的确定，应当与地质灾害形成的原因、规模以及对人民生命和财产安全的危害程度相适应。

承担专项地质灾害治理工程勘查、设计、施工和监理的单位，应当具备下列条件，经省级以上人民政府国土资源主管部门资质审查合格，取得国土资源主管部门颁发的相应等级的资质证书后，方可在资质等级许可的范围内从事地质灾害治理工程的勘查、设计、施工和监理活动，并承担相应的责任：

（一）有独立的法人资格；

（二）有一定数量的水文地质、环境地质、工程地质等相应专业的技术人员；

（三）有相应的技术装备；

（四）有完善的工程质量管理制度。

地质灾害治理工程的勘查、设计、施工和监理应当符合国家有关标准和技术规范。

第三十七条 禁止地质灾害治理工程勘查、设计、施工和监理单位超越其资质等级许可的范围或者以其他地质灾害治理工程勘查、设计、施工和监理单位的名义承揽地质灾害治理工程勘查、设计、施工和监理业务。

禁止地质灾害治理工程勘查、设计、施工和监理单位允许其他单位以本单位的名义承揽地质灾害治理工程勘查、设计、施工和监理业务。

禁止任何单位和个人伪造、变造、买卖地质灾害治理工程勘查、设计、施工和监理资质证书。

第三十八条 政府投资的地质灾害治理工程竣工后，由县级以上人民政府国土资源主管部门组织竣工验收。其他地质灾害治理工程竣工后，由责任单位组织竣工验收；竣工验收时，应当有国土资源主管部门参加。

第三十九条 政府投资的地质灾害治理工程经竣工验收合格后，由县级以上人民政府国土资源主管部门指定的单位负责管理和维护；其他地质灾害治理工程经竣工验收合格后，由负责治理的责任单位负责管理和维护。

任何单位和个人不得侵占、损毁、损坏地质灾害治理工程设施。

第六章 法律责任

第四十条 违反本条例规定，有关县级以上地方人民政府、国土资源主管部门和其他有关部门有下列行为之一的，对直接负责的主管人员和其他直接责任人员，依法给予降级或者撤职的行政处分；造成地质灾害导致人员伤亡和重大财产损失的，依法给予开除的行政处分；构成犯罪的，依法追究刑事责任：

（一）未按照规定编制突发性地质灾害应急预案，或者未按照突发性地质灾害应急预案的要求采取有关措施、履行有关义务的；

（二）在编制地质灾害易发区内的城市总体规划、村庄和集镇规划时，未按照规定对规划区进行地质灾害危险性评估的；

（三）批准未包含地质灾害危险性评估结果的可行性研究报告的；

（四）隐瞒、谎报或者授意他人隐瞒、谎报地质灾害灾情，或者擅自发布地质灾害预报的；

（五）给不符合条件的单位颁发地质灾害危害性评估资质证书或者地质灾害治理工程勘查、设计、施工、监理资质证书的；

（六）在地质灾害防治工作中有其他渎职行为的。

第四十一条　违反本条例规定，建设单位有下列行为之一的，由县级以上地方人民政府国土资源主管部门责令限期改正；逾期不改正的，责令停止生产、施工或者使用，处10万元以上50万元以下的罚款；构成犯罪的，依法追究刑事责任：

（一）未按照规定对地质灾害易发区的建设工程进行地质灾害危险性评估的；

（二）配套的地质灾害治理工程未经验收或者验收不合格，主体工程即投入生产或者使用的。

第四十二条　违反本条例规定，对工程建设等人为活动引发的地质灾害不予治理的，由县级以上人民政府国土资源主管部门责令限期治理；逾期不治理或者治理不符合要求的，由责令限期治理的国土资源主管部门组织治理，所需费用由责任单位承担，处10万元以上50万元以下的罚款；给他人造成损失的，依法承担赔偿责任。

第四十三条　违反本条例规定，在地质灾害危险区内爆破、削坡、进行工程建设以及从事其他可能引发地质灾害活动的，由县级以上人民政府国土资源主管部门责令停止违法行为；对单位处5万元以上20万元以下的罚款，对个人处1万元以上5万元以下的罚款；构成犯罪的，依法追究刑事责任；给他人造成损失的，依法承担赔偿责任。

第四十四条　违反本条例规定，有下列行为之一的，由县级以上人民政府国土资源主管部门或者其他部门依据职责责令停止违法行为，对地质灾害危害性评估单位、地质灾害治理工程勘查、设计或者监理单位处合同约定的评估费、勘察费、设计费或者监理酬金1倍以上2倍以下的罚款，对地质灾害治理工程施工单位处工程价款2%以上4%以下的罚款，并可以责令停业整顿，降低资质等级；有违法所得的，没收违法所得；情节严重的，吊销其资质证书；构成犯罪的，依法追究刑事责任；给他人造成损失的，依法承担赔偿责任：

（一）在地质灾害危险性评估中弄虚作假或者故意隐瞒地质灾害真实情况的；

（二）在地质灾害治理工程勘查、设计、施工以及监理活动中弄虚作假、降低工程质量的；

（三）无资质证书或者超越其资质等级许可的范围承揽地质灾害危险性评估、地质灾害治理工程勘查、设计、施工及监理业务的；

（四）以其他单位的名义或者允许其他单位以本单位的名义承揽地质灾害危险性评估、地质灾害治理工程勘查、设计、施工和监理业务的。

第四十五条　违反本条例规定，伪造、变造、买卖地质灾害危险性评估资质证书、地质灾害治理工程勘查、设计、施工和监理资质证书的，由省级以上人民政府国土资源主管部门收缴或者吊销其资质证书，没收违法所得，并处5万元以上10万元以下的罚款；构成犯罪的，依法追究刑事责任。

第四十六条　违反本条例规定，侵占、损毁、损坏地质灾害监测设施或者地质灾害治理工程设施的，由县级以上地方人民政府国土资源主管部门责令停止违法行为，限期恢复原状或者采取补救措施，可以处5万元以下的罚款；构成犯罪的，依法追究刑事责任。

第七章　附　　则

第四十七条　在地质灾害防治工作中形成的地质资料，应当按照《地质资料管理条例》的规定汇交。

第四十八条　地震灾害的防御和减轻依照防震减灾的法律、行政法规的规定执行。

防洪法律、行政法规对洪水引发的崩塌、滑坡、泥石流的防治有规定的，从其规定。

第四十九条　本条例自2004年3月1日起施行。

附录 B　国务院办公厅关于加强汛期地质灾害防治工作的紧急通知

国办发明电〔2003〕29 号

各省、自治区、直辖市人民政府，国务院有关部委、直属机构：

今年入汛以来，全国因暴雨引发的泥石流、滑坡等地质灾害频繁发生，使一些地方的人民生命财产遭受了严重损失。国务院领导近日对做好汛期地质灾害防治工作作出重要指示，要求各地、各部门要高度重视汛期地质灾害防治工作，确保人民生命安全。经国务院同意，现就有关事项紧急通知如下。

一、加强协作，做好雨情、水情测报工作

汛期是地质灾害的高发期，气象、水利部门要加强与国土资源部门的协作，认真做好雨情、水情的预测工作，尤其要提高基层气象、水利部门的预测预报能力，及时作出强降雨和洪水预报，并报告当地人民政府和地质灾害防治的主管部门及有关单位，遇紧急情况要以最快速度通知到各有关方面和群众，为防止和减少地质灾害创造条件。

二、加强监测，做好地质灾害预警工作

国土资源部门要加强地质灾害监测，特别是对地质灾害高发区、危险区的实时监测。要充分发挥专家的作用，通过监测、会商、确定危险区域，标明危险等级，发布预警通告。各级国土资源部门要严格执行险情巡查、灾情速报、汛期值班等制度，完善地质灾害防治应急指挥系统，确保联络畅通。湖南、湖北、四川、贵州、云南等丘陵山区和浙江、福建、广东等沿海地区要做好大面积群发性滑坡、泥石流的预警工作；西北地区要做好黄土滑坡和泥石流的防治工作；矿山企业要特别注意尾矿和废渣堆放点的安全，防止暴雨引发尾矿垮坝。

三、编制预案，妥善安置受灾群众

对已发生和易发生地质灾害的地方，要根据实际情况编制防御地质灾害预案，制定紧急避让措施，选择好安置点，组织好紧急撤离工作，及时转移安置受灾群众，千方百计避免和减少人员伤亡，并解决好他们的生活问题，确保有住处、有饭吃、有水喝、有衣穿、有病能医。

四、依法管理，严格执行地质灾害防治法规

要认真贯彻执行地质灾害防治有关法律、法规和管理制度。国土资源部门要严格执行地质灾害防治工作“三同时”（工程设计同时提出地质灾害防治设计要求，工程建设同时建设地质灾害防治设施，工程验收同时验收是否符合地质灾害防治要求）制度，严格执行建设项目地质灾害危险性评估制度，对建设工程遭受地质灾害危害的可能性、工程建设中（后）引发和加重地质灾害的可能性作出评价。对公路建设过程中形成的高陡边坡和不稳定斜坡，交通行政主管部门要责成建设单位及时治理，避免地质灾害的发生。要加大责任追究制度，对因人为因素发生地质灾害造成重大损失的，要坚决依法追究有关人员的责任。

五、加强调查，抓紧制定地质灾害防治规划

地方各级人民政府和国土资源等部门要结合汛期地质变化情况，组织开展地质灾害调查，通过掌握地质灾害的现状、分布和发育特征，划定地质灾害易发区，按照预防为主、避让和治理相结合，因地制宜、注重实效的原则，制定和完善地质灾害防治规划。对规划方案确定的防治项目和工程，要纳入各级国民经济和社会发展计划。各级政府要安排适当经费，用于地质灾害防治和救助工作。

六、加强领导，落实责任

地质灾害防治是事关人民生命安全的大事，也是政府维护社会公共安全的重要职责。各地区、各部门要加强领导，落实责任。在地质灾害高发地区，政府主要领导要把防治地质灾害摆到当前工作的重要议程。国土资源部门负责地质灾害防治规划和治理，全面掌握地质灾害的分布情况，确定危险区域，加强监测预警；气象部门负责气象预测和预报工作，要提前做好雨情预报；水利部门要做好水情预报和水库安全度汛工作；建设部门要全面掌握灾害易发地区群众居住分布情况，加强城乡居民点的规划审批和建设管理；民政部门要做好群众转移安置和生活救助工作。国土资源部要及时了解汛期地质灾害防治工作进展情况，并向国务院作出报告。

中华人民共和国国务院办公厅
二〇〇三年七月十五日

附录 C　国务院办公厅关于进一步加强地质灾害防治工作的通知

国办发明电〔2010〕21 号

各省、自治区、直辖市人民政府，国务院各有关部门：

今年以来，我国气候极端异常，南方持续强降雨，部分地区地质灾害多发频发，群死群伤事件时有发生。国务院领导同志对此高度重视，多次作出重要批示，要求加强地质灾害隐患巡查和预警预报，及时转移受威胁群众，认真做好排险防治工作，强化应急抢险处置，落实各项防范应对措施，确保人民群众生命财产安全。为进一步做好地质灾害防治工作，经国务院同意，现就有关事项通知如下。

一、充分认识当前地质灾害防治形势的严峻性

当前正值主汛期，也是地质灾害多发易发期，特别是南方岩土体含水偏饱和、部分地区前旱后雨，西北地区黄土稳定性脆弱，三峡库区水位明显涨落，汶川、玉树地震灾区岩石破碎，再遇强降雨极易引发崩塌、滑坡、泥石流等地质灾害。各地区、各有关部门要充分认识到当前地质灾害防治形势的严峻性，深刻了解地质灾害的隐蔽性、复杂性、突发性和破坏性，坚决克服侥幸心理和麻痹思想，进一步细化、实化、深化各项防灾措施，切实把地质灾害防治工作落到实处。地质灾害易发地区各级政府要把防治地质灾害作为一项刻不容缓的重要任务，进一步部署和落实各项防范应对工作。

二、迅速开展地质灾害隐患再排查

各地要按照《国土资源部关于组织开展“全国汛期地质灾害隐患再排查紧急行动”的通知》（国土资发〔2010〕95 号）的要求，重点针对可能引发地质灾害的城镇、乡村等人员聚集区，公路、铁路等交通要道沿线地区和重大工程项目施工区等，在专业技术队伍的指导和帮助下，依靠基层政府和组织，发动群众迅速开展地质灾害隐患再排查工作，确保不留死角。对发现的地质灾害隐患点要逐一登记造册，落实防范和治理措施，纳入群测群防工作体系。

三、进一步加强监测预警

对所有威胁群众和重要设施安全的地质灾害隐患点，地方各级人民政府和相关主管部门要采取有针对性的监测手段和方法，切实落实巡查人员和责任，并将防灾负责人和监测责任人公开、公示。要加大汛期巡查监测频率，对重大隐患点实行24小时监测，一旦发生险情要及时发出预警。各地要重视和加强群测群防队伍建设，配备必要的装备，组织广大群测群防员上岗到位。同时，要关心他们的安全和生活。

四、强化临灾避险和应急处置

凡出现地质灾害险情，基层政府和单位要迅速组织群众转移并做好安置工作，对危险区域要设置警戒线，防止群众在转移后擅自再次进入，采取切实有效措施，坚决避免群死群伤事故发生。地质灾害发生后，地方各级人民政府要在第一时间组织相关部门和救援力量，开展抢险救灾工作。国土资源部门要强化技术指导，进一步组织开展灾害点周围的隐患排查，防止发生次生灾害。地质灾害易发地区的各级人民政府要完善应急预案，建立快速反应机制，加强应急救援队伍建设，做好物资、资金、设备等各项应急准备工作。

五、落实地质灾害防治责任

要按照《地质灾害防治条例》的要求，进一步明确地方各级人民政府地质灾害防治工作的责任，特别是要加强县乡两级责任制的落实，把责任层层落实到基层和人员。国土资源部门要加强地质灾害防治工作的组织、协调、监督和指导工作，并会同气象部门加强地质灾害气象预报预警；水利、交通、铁道、建设、安全监管、旅游、教育、电力等部门要按照职责分工，分别组织指导做好相关领域的地质灾害隐患排查巡查、监测预警和排危除险工作。

六、加大防灾知识宣传普及力度

地方各级人民政府和国土资源部门要充分利用各类新闻媒体，通过开展贴近实际、简便易学和群众喜闻乐见的宣传形式，全面普及预防、辨别、避险、自救等地质灾害防治应急知识，提高干部群众的临灾自救和互救能力。有关部门和单位要在所有地质灾害隐患点设立警示牌和宣传栏，及时向受威胁群众发放防灾、避险明白卡，明确险情发生后撤离转移的路线和避让地点。

国务院办公厅
二〇一〇年七月十六日

参 考 文 献

[1] 中华人民共和国国务院令．地质灾害防治条例．2003.

[2] 国土资源部地质环境司．地质灾害防治条例释义．北京：中国大地出版社，2004.

[3] 潘学标，郑大玮．地质灾害及其减灾技术．北京：化学工业出版社，2010.

[4] 李克．自然之魔——地质灾害．西安：未来出版社，2005.

[5] 郭建增，秦保燕．地震成因和地震预报．北京：地震出版社，1991.

[6] 朱学愚，钱孝星．地下水水文学．北京：中国环境科学出版社，2005.

[7] 周维博，施垌林，杨路华．地下水利用．北京：中国水利水电出版社，2006.

[8] 齐学斌，樊向阳．中国地下水开发利用及存在问题研究．北京：中国水利水电出版社，2007.

[9] 胡聿贤．地震安全性评价技术教程．北京：地震出版社，1999.

[10] 赵红芳，徐淑兰，辛钰．矿区土地复垦与生态恢复技术初探．现代农业，2007，(7)：76－77.

[11] 孙家齐．工程地质．武汉：武汉工业大学出版社，2002.

[12] 黄润秋．“5·12”汶川大地震地质灾害的基本及其对灾后重建影响的建议．中国地质教育，2008，(2)：21－24.

[13] 民政部紧急救援促进中心．应急救援知识小百科——地质灾害．北京：科学普及出版社，2008.

[14] 盛海洋，李红旗．我国滑坡、崩塌的区域特征、成分分析及其防御．水土保持研究，2004，11 (3)：208－210.

[15] 赵龙辉．湖南省人类活动诱发地质灾害成因及防治对策研究．地质灾害与环境保护，2002，19 (2)：7－11.

[16] 王德富，等．泥石流防治指南．北京：科学出版社，1991.

[17] 刘丽．发达国家工业化消耗了多少地．河南国土资源，2004，(10)：40－41.

[18] 罗旭刚．土地整理可持续发展潜力研究．资源与产业，2008，10 (5)：119－121.

[19] 庄延革．吉林省常见的农业地质灾害及其防治措施初探．吉林地质，2002，21 (4)：44－49.